鸡尾酒日记

家中也有诗和远方

张若水 著

海天出版社（中国·深圳）

图书在版编目（CIP）数据

鸡尾酒日记 ：家中也有诗和远方 / 张若水著. — 深圳 ：海天出版社，2017.1
ISBN 978-7-5507-1777-0

Ⅰ. ①鸡… Ⅱ. ①张… Ⅲ. ①鸡尾酒－调制技术 Ⅳ. ①TS972.19

中国版本图书馆CIP数据核字(2016)第237427号

鸡尾酒日记：家中也有诗和远方

JIWEIJIU RIJI: JIA ZHONG YE YOU SHI HE YUANFANG

出 品 人　聂雄前
责任编辑　许全军　童　芳
责任校对　韩海彬
责任技编　梁立新
装帧设计　知行格致

出版发行　海天出版社
地　　址　深圳市彩田南路海天综合大厦7-8层（518033）
网　　址　http：//www.htph.com.cn
设计制作　深圳市知行格致文化传播有限公司　Tel：0755-83464427
印　　刷　深圳市新联美术印刷有限公司
开　　本　889mm×1194mm 1/32
印　　张　7
字　　数　128千字
版　　次　2017年1月第1版
印　　次　2017年1月第1次
印　　数　1-4000册
定　　价　39.80元

前言

我在书店选购书籍的时候，看到了好几种跟鸡尾酒有关的书籍，翻阅之后却陷入了深思，因为我觉得这些书籍不太适合大众读者：第一，这些书籍偏重于理论，理论有助于指导人们的实际应用，这是这类书籍比较好的地方，但是这些书籍中没有写调制鸡尾酒的注意事项，因而在实际操作时难免失误，调出的酒的口感和色彩受到极大的影响；第二，这些书籍中不少鸡尾酒的材料不易购买，例如修道士利口酒、山竹利口酒就很难在商店或超市买到，或是调制过程过于复杂，这使鸡尾酒很难贴近人们的生活；第三，这些书籍的语言过于繁琐，内容过于复杂，读者难以领悟，无法与日常生活、休闲结合在一起，很难引起人们的兴趣。

鸡尾酒需要贴近生活，与休闲结合在一起，拉近与普通人的距离，以培养人们的兴趣，提高人们的生活品位，激发人们的热情。虽然鸡尾酒是一门来自西方的艺术，但并不是可望而不可即的，它可以与中国的酒文化完美地结合。基于以上原因，我写了这本书，一本简单易懂、易学的跟鸡尾酒有关的书籍。

鸡尾酒颜色各异、口感多样、风格独特，充满着魅力，也充满着神奇。“生活不只是眼前的苟且，还有诗和远方的田野。”是的，诗和远方的田野让人远离世俗和忙碌，感觉很美好，但现实是：很多人因为种种原因与“诗”无缘、无法到达“远方的田野”。与其一直憧憬，不如行动吧！回到家中，调一杯鸡尾酒来细细地品味，也是一件非常愉悦的事，也能让你得到片刻的放松！

目录

椰林飘香

阴转多云
2014 年 9 月 28 日
星期日

2014 年 9 月 28 日是一个值得纪念的好日子，因为这天我调制了回国后的第一杯鸡尾酒——椰林飘香。我将永远忘不了爸妈那喜出望外的表情！

噔哒哒噔……窗外华灯初上，室内我将老爸老妈迎到餐桌边。老爸老妈对着餐桌上五颜六色的瓶瓶罐罐一脸迷茫，丈二和尚摸不着头脑！而我却镇定自若、一言不发，不紧不慢地将一杯鸡尾酒奉上。“酒的名字叫椰林飘香，请品尝！”我一边说，一边做了个弯腰鞠躬的动作。抬起头的瞬间，我看到了两道惊喜、明亮又温暖的目光。

这边说：“听说鸡尾酒几十年了，今天也有福享受了！”那边说：“你什么时候开始准备给我们调鸡尾酒的？潜伏得好深啊！”异口同声的评价是：“好看、好喝！”同时，我也得到了爸妈中肯的评价和暖暖的建议，他们告诉我：说话要有亲和力、语速要慢，调酒的时候动作要更优雅，以便提升自己的气质。

晚上，我躺在床上久久不能入睡，几个小时前的情景仍然历历在目。我暗下决心：此后的日子一定要用美酒装饰！用不同的基酒，给爸妈调制出成百上千种颜色和口感各异的鸡尾酒！椰林飘香是经典酒，从今天的经典酒开始，还要给他们调制创新酒，尤其是“全世界独此一家，别无分店”的完全由我自己独创的鸡尾酒！

调制方法

A 将4～5块冰放入摇酒壶里。

B 将白朗姆酒、菠萝汁、椰子汁倒入摇酒壶内。

C 用力摇匀至壶身出现冰霜。

D 将酒倒入香槟杯中。

E 用1片菠萝与1颗樱桃装饰。

材料准备 白朗姆酒30ml / 菠萝汁90ml / 椰子汁60ml
冰块4～5块 / 樱桃1颗 / 菠萝1片

注意事项

A. 调制椰林飘香时必须放入菠萝汁。一方面，这款酒名意为“菠萝茂密的山谷”，要给人名副其实的感觉；另一方面，加入菠萝汁可以突出热带风情。所以，这款酒需要大量的菠萝汁。

B. 调制椰林飘香时也需要加入椰子汁，这样可以更好地衬托出酒的口感，使其更加协调、更加柔和、更加和谐。

C. 调制椰林飘香时应该使用白朗姆酒，使用黑朗姆酒或者金朗姆酒会影响视觉效果。

絮语

A. 在西班牙语中，椰林飘香被译成“菠萝茂密的山谷”。它的起源存在着颇多争议。波多黎各人认为：1952 年 8 月 15 日，在波多黎各首都圣胡安的加勒比希尔顿酒店（Caribe Hilton Hotel），调酒师佩雷斯（Pérez）使用当时非常有名的椰浆，调制了这款鸡尾酒。1978 年，波多黎各正式宣布椰林飘香为国酒。

B. 浓郁的椰汁与具有酸甜口感的菠萝汁混合在一起，让人不禁联想起海滨城市舒适的感觉和亮丽的风景。

C. 椰林飘香的颜色是白色。白色代表着纯洁、典雅、公正、坚贞、超凡脱俗。

D. 椰林飘香的特点是香甜浓郁、清爽宜人。

巴黎恋人马提尼

多云转阵雨
2014 年 10 月 3 日
星期五

调制鸡尾酒的乐趣，不仅是创造漂亮的色彩、创造美妙的滋味，更是创造一种快乐的心情。正如雯雯姐常说：“品一口鸡尾酒，满口留香，沁人肺腑，感觉真是好奇妙啊！”

今天晚上举办了酒会，在大家的鼓掌声中，我特地给朱女士调制了一杯巴黎恋人马提尼。我告诉她：“马提尼的调配方法有很多，现在我给您呈现的巴黎恋人马提尼是最适合您的一款。为什么呢？因为您给人的第一印象是优雅，所以这款酒很适合您。”朱女士慢慢地品酒的姿势很好看，酒会结束后，她告诉我：因为酒很漂亮，也很好喝，所以，她一直在暗暗地提醒自己，一定要用最漂亮、最优雅的姿势喝完这杯酒。

接触鸡尾酒之后，我一直认为酒是有灵魂的水。我的名字叫“若水”，这是我出生的那个炎热的夏夜里，爸爸在医院陪护妈妈，坐在产房外的水泥台阶上给我起的，取自老子的“上善若水，水利万物而不争”。在我的个人微博和微信公众号上，我给自己起的昵称叫“调酒若水”。在调酒时，酒的配比，摇酒的动作、力度、时间都要根据每一款酒的特点来加以区分，尽量赋予每一款酒更多的情感表达和人文精神。调酒的人和喝酒的人每时每刻都在以酒为媒介，进行着双向互动，美酒是我们共同的爱好。

调制方法

A 将4～5块冰放入摇酒壶里。

B 将金酒、干味美思和黑加仑糖浆依次倒入摇酒壶内。

C 用力摇匀至壶身出现冰霜。

D 将酒倒入鸡尾酒杯中。

材料准备 金酒30ml / 干味美思30ml / 黑加仑糖浆60ml / 冰块4～5块

注意事项

A. 在调制马提尼鸡尾酒时，一定要选用马提尼杯子。

B. 调制巴黎恋人马提尼一般使用干味美思酒，基酒是金酒，荷式金酒、英式金酒均可。

C. 马提尼的配方有很多种，在传统标准版、干性版、柔和版马提尼中大多使用绿橄榄做装饰，但在创新版马提尼中就简化、灵活了许多，可以不用装饰物。

絮语

A. 马提尼是经典鸡尾酒中的一种，被誉为“鸡尾酒之王”。它被看作美国的象征，被盛赞为“唯一能和十四行诗相媲美的美国发明”，是“美国献给世界文化最崇高的礼物”。它的诞生有一个故事：19 世纪末，有一位住在旧金山西方酒店的客人，希望酒店的调酒师为他配制一些独特的饮品。调酒师用金酒加马提尼牌味美思调制出了一款酒，并把它装在一种圆锥形的酒杯里，命名为“马提尼”。这位调酒师就是后来成为马提尼大师的杰瑞·汤姆斯（Jerry Thomas），他因为创造了马提尼而名扬四海。

B. 味美思是一种加香葡萄酒，它由意大利的马提尼家族在葡萄酒中加入多种香料创造而成，并以家族名字为其命名。由于它的酒精度数低、高贵雅致、气味芬芳，很快由意大利传播到世界各地，至今长盛不衰，深受喜爱。现在，马提尼也是众多味美思中的著名品牌之一。

C. 巴黎恋人马提尼浓郁的酒红色会让人想起优雅时尚的巴黎女人。辛辣刺激的金酒与甜味的干味美思以及酸味的黑加仑糖浆混合在一起，使口感更加突出，给人高贵的享受，适合女性饮用。

曼哈顿

多云转阴
2014年10月7日
星期二

每当我调制曼哈顿这款酒时，就想起英国著名的首相丘吉尔，就是抽雪茄、用手比画字母“V”的那位，因为这款酒与丘吉尔的母亲有很大的关系。曾经有人问丘吉尔的母亲，是否为自己有一个当首相的儿子感到骄傲。这位漂亮迷人的母亲作了一个著名的回答：“是的。但我还有一个正在田里挖土豆的儿子，我也为他感到骄傲！”

同时，我会想起自己的母亲，她也是一位为我感到骄傲的母亲。在我中学时期的一个母亲节，学校希望妈妈们给儿女写一段最想说的话，我的妈妈是这样写的：妈妈希望你健康、快乐地成长，做个快乐、有用的人，对社会有所贡献。你的学习成绩并不优秀，但是在妈妈心里，你始终是最棒的，因为你好学、上进、不自暴自弃，一直在努力超越昨天。妈妈为上进的你而骄傲！

温暖而又踏实的母爱就像一棵大树，冷天为你遮风挡雨，热天为你送来缕缕清凉。

今天调制了一杯曼哈顿后，我就想着：明年母亲节的那一天，除了出其不意的生日礼物外，我一定要调一杯曼哈顿鸡尾酒送给老妈。想到这里，我心里甜甜的，比眼前这杯鸡尾酒还甜！有手艺就是好啊！

调制方法

A 将 6 ~ 8 块冰放入混酒杯里。

B 将苏格兰威士忌、甜味美思和苦艾酒依次倒入混酒杯内。

C 用搅拌匙的背面沿着杯壁缓慢搅拌。

D 拿出一个干净的古典杯。

E 使用滤冰器将酒倒入古典杯中。

F 甜味樱桃用酒签穿好做装饰，并撒上柠檬皮。

材料准备 苏格兰威士忌 60ml / 甜味美思 60ml / 苦艾酒 30ml / 冰块 6 ~ 8 块 / 甜味樱桃 1 颗 / 柠檬皮适量

注意事项

A. 调制曼哈顿鸡尾酒时，可用金巴利苦艾酒代替苦精酒，效果也很好。

B. 调制曼哈顿鸡尾酒时，甜味美思的量应比苦艾酒的量多，这样口感不会太苦，易于被人接受。

C. 曼哈顿鸡尾酒需要用调和法进行制作，而不应该使用摇和法或兑和法。

D. 曼哈顿鸡尾酒的装饰物是甜味樱桃和柠檬皮。

絮语

A. 曼哈顿鸡尾酒是一款很经典的鸡尾酒，被誉为“鸡尾酒皇后”。曼哈顿鸡尾酒起源于1874年，英国前首相丘吉尔的母亲珍妮当时是纽约社交圈子中的名流。传说纽约新州长上任的这一天，珍妮在曼哈顿俱乐部举行酒会以示庆祝。在酒会上，她告诉调酒师一个想法，希望调酒师可以在这样一个特殊的场合调制出一杯特殊的饮品。于是，调酒师突发奇想，将威士忌与苦艾酒巧妙地进行了结合，这款酒使得所有饮用者都大饱口福，为之倾倒，曼哈顿鸡尾酒也一举成名。

B. 曼哈顿鸡尾酒中苏格兰威士忌特有的焦香气味会让人品味到深沉，加入甜味美思会让人品味到甜蜜的温柔，而加入苦艾酒则增加了典雅醇厚的口感。

C. 味美思酒是用葡萄酒作为基酒，通过加入一系列芳香的植物，如丁香、可可豆、生姜、杜松子、芦荟、苦艾、桂皮以及春白菊等配制而成。味美思酒有干味美思、甜味美思和白味美思三种。甜味美思，也叫意大利味美思，在配制的过程中加入了焦糖，使这款酒的颜色呈深红色，可以单独饮用或者勾兑饮品。

D. 曼哈顿鸡尾酒的特点是甜辣适中、香气四溢、口味浓郁，令人心旷神怡。

丘吉尔

晴
2014年11月3日
星期一

在中国，中小学生太忙了，与父母的交流大部分是在饭桌上。现在我们家还保留着这样的习惯，吃过饭不急于收拾碗碟杯筷，而是任由它们躺在餐桌上做听众，一家人继续坐着天南地北地聊一通，才意犹未尽地起身打扫我们的饭桌。其实老妈对家里的味道还是蛮讲究的，她最不喜欢房间里有菜味，平时炒好菜后都不让提前端上饭桌，等到全部做好后再一齐端上桌。聊天的时候，她就全然不管这些了，虽然更多的时候她也只是个听众，笑眯眯地坐在那儿听着。

我在吃饭时与老爸的交流，从小到大经历了三个阶段：第一阶段是他说我听，第二阶段是他问我说，第三阶段就是我说他听了。

今天晚饭后，就主要是我给他讲知识。

“丘吉尔这个人，知道吗？”

“知道，不是小时候我给你讲的吗？”

“先别急，有一款鸡尾酒叫丘吉尔，知道吗？”

“别说，还真不知道。”

“真是的，那我就慢慢给你讲讲……”

“哈哈哈……”

听听我们家那个乐呀！

调制方法

A 将 4 ~ 5 块冰放入摇酒壶里。

B 将苏格兰威士忌、君度、甜味美思、橙汁依次倒入摇酒壶内。

C 用力摇匀至壶身出现冰霜。

D 把酒倒入鸡尾酒杯中。

E 用樱桃点缀。

材料准备 苏格兰威士忌 30ml / 君度 15ml / 甜味美思 15ml / 橙汁 15ml / 冰块 4 ~ 5 块 / 樱桃 1 颗

注意事项

A. 丘吉尔鸡尾酒的口味是复杂多样的，所以利口酒和果汁都不宜放得太多。

B. 在丘吉尔鸡尾酒中，君度、甜味美思和橙汁的用量应相同，最多15ml，且不可高于威士忌的使用量。威士忌最多可以放入30ml。

C. 丘吉尔鸡尾酒可以用樱桃装饰。

絮语

A. 本款鸡尾酒是创新型鸡尾酒，以英国著名首相温斯顿·丘吉尔的名字命名。温斯顿·丘吉尔曾经两次出任英国首相，第一次是1940～1945年，第二次是1951～1955年，是20世纪英国著名领袖之一，带领英国获得第二次世界大战的胜利。他写的《不需要的战争》获1953年度诺贝尔文学奖，著有《第二次世界大战回忆录》6卷、《英语民族史》4卷等。他曾经两次被美国《时代周刊》选为年度风云人物，从1929年到1965年连续36年担任英国布里斯托大学校长。

B. 本款鸡尾酒以苏格兰威士忌作为基酒，辅助材料是君度、甜味美思和橙汁。辛辣的威士忌搭配略有甜味的饮品，使这款鸡尾酒的口感得到了平衡，清新优雅，透出一丝甜味。辛辣的威士忌是为了体现丘吉尔当年所付出的艰辛与汗水；君度的口感是为了体现丘吉尔善于思考、不怕困难、勇往直前的特点；甜味的果汁是为了体现丘吉尔的喜悦与快乐。

亚历山大

一转眼，回国已经100多天了，我几乎天天都想起在新西兰的日子，因为我几乎天天都调制鸡尾酒。比如今天我调制的这款亚历山大，就让我笑个不停。

在新西兰学习时，一位老师名叫亚历山大，有一天上课时，他正在一本正经地讲解怎样调制亚历山大这款鸡尾酒、需要加入牛奶或奶油等。因为这位老师很严肃，要求又高，兰妮在底下小声嘟囔：压力很大呀！我悄悄告诉她：在我们中国的网络语言里，把压力很大称为“压力山大”，就是压力像山那样大。兰妮瞄了一眼那款鸡尾酒，再偷偷瞧瞧一丝不苟的老师，几乎要笑场了。我随即发明了一句绕口令：“为亚历山大，调亚历山大，我压力山大！”让同学们笑了好长时间。

听着这个故事，老爸边品酒，边逗我："乐乖，世界笨人大会又要开始举办了。"

小的时候我好笨啊。有一次，我走路时被绊了一下，眼看就要摔倒，身边的老妈一把拽住我，等我站稳了，一边指着自己的小胳膊，一边哼哼唧唧地说："妈，你把我的……我的……我的鸡翅拉疼了。"

爸妈都笑我笨。

老妈说："你呀，一个字……"

我接："笨！"

"两个字……"

我接："真笨！"

"三个字……"

我接："实在笨！"

老爸就一本正经："乐乖，你出生前有个世界笨人大会，自从有了你，再也不开了。"

我很好奇，认真地问："多有意思呀，为啥不开了呢？"

"因为你总是冠军呀，别人竞争不上，没法开了。"

"老爸，你太坏了！"

"哈哈哈……"

调制方法

A 将 4 ~ 5 块冰放入摇酒壶里。

B 将白兰地、棕可可利口酒、鲜奶油依次倒入摇酒壶内。

C 用力摇匀至壶身出现冰霜。

D 将酒倒入马提尼杯中。

E 撒上肉桂粉。

材料准备 白兰地 30ml / 棕可可利口酒 30ml / 鲜奶油 60ml / 肉桂粉 1/2 茶匙 / 冰块 4 ~ 5 块

注意事项

A. 在调制亚历山大鸡尾酒时，不能用白可可利口酒代替棕可可利口酒，否则颜色过白，不好看。从酒的效果上看，颜色应该是棕色透白。

B. 调制时，棕可可利口酒的用量与白兰地的用量一致。

C. 本款鸡尾酒中鲜奶油可以用鲜牛奶代替。调制时，先将白兰地和棕可可利口酒放入摇酒壶中摇匀，倒入鸡尾酒杯中，再用分层的手法加入牛奶，饮用时用搅拌勺搅匀。

D. 用牛奶调制时，牛奶不应该放得过多，否则奶味会过重。

絮语

A. 亚历山大是一款经典的鸡尾酒。诞生之初它有一个很女性化的名字——亚历姗朵拉。19 世纪 60 年代，为了纪念英国国王爱德华七世与皇后亚历山大的婚礼，调制了这款鸡尾酒作为对皇后的献礼，是一款名副其实的皇家鸡尾酒。

B. 亚历山大鸡尾酒有奶油般的口感，巧克力般的甜味。它味道甜美，犹如向全世界宣告爱情的甜美，所以很适合恋人双双共饮，象征着爱情的甜蜜。因为使用了鲜奶油，所以在摇动过程中要迅速、强烈、有力。

C. 亚历山大鸡尾酒的颜色是咖啡色，代表着优雅、亲切、朴素和沉稳。

血腥玛丽

小雨转阴
2014 年 11 月 24 日
星期一

今天，老爸从外面喝酒回来，兴致很高，大谈中国酒文化，说中国白酒分为酱香型、浓香型、清香型，唯独陕西西凤酒是凤香型。这让我想起童年时和老爸对诗的情景，今日是不是要以“酒”为题来对诗呢？脑海霎时成了诗海：李白“人生得意须尽欢，莫使金樽空对月”的冲天豪气，曹操“对酒当歌，人生几何？”的人生思考，杜甫“白日放歌须纵酒”的兴高采烈，“明月几时有，把酒问青天”时苏轼“千里共婵娟”的美好祈愿，还有《饮中八仙歌》中李白、张旭这些大诗人们活灵活现的醉酒神态……实在不行，还有欧阳修的“醉翁之意不在酒”呢！

今日我之意也不在酒而在鸡尾酒！我情不自禁地接过话头：“爸，你知道吗？鸡尾酒的味道有酸、有甜、有辣和有苦，你知道还有什么味道吗？”

老爸当然不知道。

“告诉你吧，还有怪味鸡尾酒呢！鸡尾酒里还可以加入盐和胡椒呢！经典鸡尾酒血腥玛丽就是这样啊！”

也许是心有灵犀，我猜老爸也一定想起当年我们对诗的情景，问我：“知道喝血腥玛丽，吃什么东西吗？”

这下轮到我语塞了。

“告诉你：怪味胡豆！”

老妈在一旁听得笑作一团。

姜还是老的辣呀！

调制方法

A 将 6 ~ 8 块冰放入长饮杯里。

B 将伏特加、柠檬汁依次倒入长饮杯内。

C 注满番茄汁。

D 加入盐和胡椒粉。

E 用搅拌匙的背面沿杯壁缓缓搅拌。

F 用柠檬块和芹菜做装饰。

材料准备 伏特加 60ml / 番茄汁 120ml / 柠檬汁 30ml / 盐 1/2 茶匙 / 胡椒粉 1/2 茶匙 / 冰块 6 ~ 8 块 / 柠檬适量 / 芹菜适量

注意事项

A. 血腥玛丽鸡尾酒需要加入盐和胡椒粉，以便突出玛丽一世的狂热与残暴。

B. 番茄汁应该多加点，这样可以突出当年那血淋淋的场面。

C. 柠檬汁应该加入 30ml，这样品尝者可以联想到当年那些无辜的人们伤痛的心灵。

絮语

A. 血腥玛丽是一款经典的鸡尾酒，在美国禁酒运动期间，血腥玛丽流行于地下酒吧，被称为“喝不醉的番茄汁”。20 世纪 20 年代，在巴黎一间名为“哈利的纽约酒吧”，调酒师费迪南特（Fernand Petiot）将一定量的番茄汁和伏特加加以混合，创造出一款独特的鸡尾酒，但是当时他不知道如何命名这款酒。一个男孩提出，希望把它称为“血腥玛丽”，鲜红的酒色让他联想起 16 世纪被称为“血腥玛丽”的英格兰女王玛丽一世。1934 年，费迪南特带着“血腥玛丽”的配方去了纽约。为了吸引人们的眼球，聪明的纽约人要求费迪南特在这种饮料中加入不同的调味品，因为虽然它的颜色艳丽，但味道却非常平淡。为了满足人们味蕾的享受，感受到酒的创新，激发人们的激情与勇气，费迪南特将黑胡椒、盐等不同种类的调味料加入这款酒中，大胆的配制方法终于促成了这款经典鸡尾酒的诞生。

B. 血腥玛丽鸡尾酒通过加入伏特加，突出了酒的辛辣；加入番茄汁，突出了鲜血样的红色，体现了此酒的主题；加入柠檬汁凸显了酸味，让人忆起过去的酸楚和悲伤；加入盐和胡椒，增强了酒的口感。

C. 血腥玛丽鸡尾酒的颜色是红色，口味是辣咸结合、酸苦相交。

教父

多云
2014 年 12 月 17 日
星期三

今天在家整理酒柜，发现一瓶杏仁利口酒，当下决定待会儿调制一杯浓郁型的鸡尾酒。正想着呢，门铃响了，爸爸带着几个同学来家里品尝鸡尾酒。其中一位吴叔叔让我特别在意：别人高谈阔论，他心不在焉；别人开怀大笑，他愁眉不展。不知道是事业受阻，还是感情不顺？所以，我特别调制了一杯教父鸡尾酒送给他，并介绍说这是一款充满着自信、激情澎湃的鸡尾酒，口感劲力十足，充满阳刚，很适合中年男士饮用。吴叔叔喝下这杯教父鸡尾酒，表情舒展了许多。过了一会儿，竟说能不能再给他调一杯。满桌人都笑了，他也跟着笑了。

这类事情经常发生。有一次陪干姥姥在钟鼓楼下的老街吃“三秦套餐”——凉皮、肉夹馍和冰峰汽水。我大快朵颐，干姥姥边吃边唠叨：“老了，这些原来最爱吃的东西咋吃着不香了……”我看干姥姥的情绪有些消沉，说：“您的气色这么好，我调杯酒就让您激情四射，隆重推荐奥林匹克。这款鸡尾酒色彩亮丽，喝着给力，保准让您成为年轻的70后。”干姥姥听得眉开眼笑，酒还没喝，已经一脸红润。我也曾给一位患产后抑郁症的朋友说：“亲，我给你调一杯蓝色夏威夷。虽然蓝色在西方文化中代表忧郁和伤感，但是在这款酒中，蓝色却代表了激情，这种海蓝色会让你充满活力的！”

调制鸡尾酒的乐趣不仅是创造漂亮的色彩，更重要的是鸡尾酒能给人带来快乐、带来力量。这不是酒精催生的兴奋，而是品着酒香，重新发现自我、点燃激情带来的身心愉悦。

调制方法

A 将 6 ~ 8 块冰放入混酒杯里。

B 将苏格兰威士忌和杏仁利口酒依次倒入混酒杯内。

C 用搅拌匙的背面沿着杯壁缓慢搅拌。

D 使用滤冰器将酒倒入古典杯中。

材料准备 苏格兰威士忌 60ml / 杏仁利口酒 60ml / 冰块 6 ~ 8 块

注意事项

A. 在教父鸡尾酒中，威士忌和杏仁利口酒都不宜放得太多。因为威士忌本来就有颜色，杏仁利口酒的颜色与威士忌的颜色有些相似，如果放得过多，颜色就会太深，影响视觉感受。

B. 教父鸡尾酒要用调和法调制，用搅拌匙沿着杯壁慢慢搅拌，因为调和法可以更好地突出酒的味道。

C. 在教父鸡尾酒中，不需要使用果汁，基酒和利口酒很容易混合在一起。

絮语

A. 意大利产的杏仁利口酒，配上浓浓的苏格兰威士忌，就是美味可口的教父鸡尾酒。这款鸡尾酒散发着硬朗的味道，充满了男子汉气息；有着威士忌的馥郁芳香和杏仁利口酒的浑厚味道，最适合成年男人饮用。

B. 教父鸡尾酒属于经典鸡尾酒，得名于派拉蒙影业公司出品的电影《教父》。这部电影改编自马里奥·普佐的同名小说。《教父》是美国历史上最杰出的系列电影之一，一共有三部，《教父Ⅰ》和《教父Ⅱ》都获得了多项奥斯卡奖。

关于《教父》，有一个很经典的问答。

问：是什么让男人们如此迷恋《教父》？

答：因为它就是我们男人的圣经，那里面包含了所有的智慧！

阿卡普尔科

雨夹雪转阴
2014 年 12 月 25 日
星期四

奥克兰大学语言学校是我到新西兰学习的第一站，短短5个月的时间里，我结识了来自世界各地的朋友，他们有的是亚洲人，有的是欧洲人，有的是美洲人。我们经常在一起讨论英语，对对方国家的文化充满好奇，有时共进午餐，把自己做的午饭拿出来相互分享。在离开学校的那一天，我们互相拥抱，互相说再见。

回国之后，这些美好的回忆一直伴随着我，虽然已经过去3年了，但是仍然历历在目。在语言学校的时候，班上有一位来自于墨西哥的同学，他的名字叫路易斯。他在课堂上表现得非常活跃，爱说爱笑，给我留下了极为深刻的印象。有一次，老师让大家谈谈幽默，路易斯郑重其事地说：“我从小就是个胸怀宇宙的男人。在学校听到老师讲天文、宇宙知识，讲人类登月的故事，特别是听到未来的人类将在月球上生活时，我非常地担心和忧愁——当月亮变成月牙的时候，月球上该多么拥挤呀！”他愁容满面，我们哄堂大笑……想起来自墨西哥的他，便想起了这款和墨西哥有关的鸡尾酒——阿卡普尔科。

调制方法

A 将 4 ~ 5 块冰放入摇酒壶中。

B 将龙舌兰酒、白朗姆酒、柚子汁、菠萝汁与椰汁依次倒入摇酒壶中。

C 用力摇匀至壶身出现冰霜。

D 将酒倒入鸡尾酒杯中。

材料准备 龙舌兰酒 30ml / 白朗姆酒 30ml / 菠萝汁 60ml / 柚子汁 30ml / 椰汁 30ml / 冰块 4 ~ 5 块

注意事项

A. 阿卡普尔科是墨西哥的海港城市，因此这款鸡尾酒要营造出一种海滨城市特有的气息。

B. 阿卡普尔科鸡尾酒虽然含有两种基酒，有一定的酒精度数，但从口感上看应该是酸甜味道，口感适宜。

C. 菠萝属于热带水果，在放入菠萝汁的时候，要放 60ml；柚子汁比较酸，放入 30ml 就够了；椰汁是白色的，而且有着浓浓的香味和甜甜的口感，但是也不宜放得过多，30ml 就够了，要不然口感就会太浓厚。总之，所放的果汁量要让人有一种清新的感觉。

絮语

A. 阿卡普尔科是墨西哥著名的海滨旅游城市，每年都有络绎不绝的外国游客到这里度蜜月或进行休闲之旅。同时，这个城市对于墨西哥人来说也是一个非常适合休闲和观光的地方。在这里，人们可以品尝墨西哥特有的美食，也有各种各样来自不同国家和地区的美食。

B. 在阿卡普尔科鸡尾酒中，龙舌兰酒和白朗姆酒两种基酒，与菠萝汁、柚子汁、椰汁三种果汁混合在一起，辛辣的基酒与带有甜味的果汁相互搭配，口感非常好。

C. 阿卡普尔科鸡尾酒有椰子的清香、柚子的酸甜以及菠萝的甜蜜，给人味觉上美的享受，心情上则舒适而愉悦。

大都会

不知道从什么时候起，“土豪”已经不再是贬义词，被称者往往哈哈大笑，一副志得意满的样子。高先生就是这样的土豪，他的土豪像最集中的表现就是见多识广，国内外的高档消费场所仿佛没有他没去过的。许多次，他把新西兰的高档场所说得天花乱坠，那么多闻所未闻的地方，让我恨不得再去留学一次。

今天中午，在品尝我调的鸡尾酒之后，高先生再次侃侃而谈：“我曾经在上海大都会喝过这款鸡尾酒，但是你调的酒口感更好、颜色更漂亮。你调的这杯鸡尾酒让人喝着感觉很舒服，口感非常柔和，不像我在大都会的时候喝着感觉很辣，我非常喜欢你调的这杯鸡尾酒。”老实说，上海大都会我没去过，知之甚少。听名字好像挺气派，不过“大都会”三个字，终于让我逮着了给他普及鸡尾酒知识的机会：“谢谢您的夸奖！‘大都会’还是一个鸡尾酒名呢。您知道吗？”他自然不知道，于是我调制了一杯经典鸡尾酒大都会给他加深印象。

调制方法

A 将 4 ~ 5 块冰放入摇酒壶内。

B 将伏特加、白柑桂酒、蔓越莓汁和柠檬汁依次倒入摇酒壶内。

C 用力摇匀至壶身出现冰霜。

D 将酒倒入鸡尾酒杯中。

材料准备 伏特加 60ml / 白柑桂酒 30ml / 蔓越莓汁 30ml / 柠檬汁 30ml / 冰块 4 ~ 5 块

注意事项

A. 大都会鸡尾酒中使用的白柑桂酒可以用君度利口酒代替，但是君度不能放得过多，最多放入 30ml，因为君度有一定的酒精含量，同时也有橙味。

B. 大都会鸡尾酒要有一定的酒精度数，所以基酒要用伏特加。另外，伏特加是一种不酸、不甜、不苦的液体，具有烈焰般的口感，在调制鸡尾酒时可以很灵活地搭配。

C. 大都会鸡尾酒适合女性饮用，在视觉上色泽应该偏红，所以蔓越莓汁和柠檬汁可以多放一些，可以放到 60ml，这样水果风味就会凸显，也可以中和伏特加的辣味，使这款鸡尾酒酸甜中略带辣，饮用时让人感觉舒适惬意。

絮语

A. 大都会属于马提尼类鸡尾酒，是一款非常经典的鸡尾酒，是由边车鸡尾酒发展而来的。这款鸡尾酒是 1989 年美国鸡尾酒大赛冠军作品，在世界范围内产生了巨大的影响，电视剧《欲望都市》里女主角也对它情有独钟。

B. 在大都会鸡尾酒中，伏特加的使用突出了酒的口感，蔓越莓汁的使用提升了酒的色彩，若使用君度则突出了酒的清新。最后调制出的大都会鸡尾酒华丽优雅，酒色亮丽玫红，气味清新，口感甜而不腻，略带伏特加酒的味道，非常适合都市中的白领丽人饮用。

红粉佳人

雪
2015年1月29日
星期四

今天西安下了2015年的第一场雪。这让我想起去年冬天西安下第一场雪的时候，我正在新西兰奥克兰的伊甸山上和几个同学互相拍照，玩得正嗨。老妈用微信发来西安的雪景，大地是白茫茫的，活泼的雪花漫天飞舞，像上天发给人间的一张张贺卡。

在四季如春的奥克兰是终年见不到雪的，虽然只是电子屏上的图像，我和同学们都很兴奋。回到宿舍，我乘兴调了一杯红粉佳人，用手机拍下来发给老妈。人类的科技成果真好，瞬间就能穿越季节、穿越时空、跨越太平洋完成互动。

此刻，望着窗外白茫茫的景色，美景当以美酒配，最适合的当然就是“红粉佳人”！它能为这雪景增添美丽、增添活力、增添色彩。当天晚上，老妈以此发了一篇微信：“皑皑雪天，褪去百花色彩，红粉佳人的一抹鲜红，盛开在双眼。温情、浪漫，闻之芬芳，饮之细滑。”朋友圈里大家纷纷点赞。

调制方法

A 将 3 ~ 5 块冰放入摇酒壶里。

B 将金酒、柠檬汁、牛奶、蛋清依次倒入摇酒壶中，用力摇匀。

C 将酒倒入鸡尾酒杯中。

D 采用分层的手法将红石榴糖浆倒入。

材料准备 金酒 30ml / 红石榴糖浆 15ml / 柠檬汁 30ml / 蛋清 1 个
牛奶 60ml / 冰块 3 ~ 5 块

注意事项

A. 调制红粉佳人鸡尾酒时可以用鲜奶油代替牛奶。

B. 饮用时用搅拌勺搅匀。

C. 红石榴糖浆不宜放得过多，否则口味过甜。

D. 牛奶可以多放一些，使这款酒的颜色白里透粉。

A. 红粉佳人鸡尾酒是一款非常经典的鸡尾酒。这款鸡尾酒创作于1912年，当时英国伦敦上演了一部短剧《粉红色的女士》。在短剧的首场演出庆祝宴会上，人们为女主角海泽尔·多思调制了与舞台剧名称相呼应的粉红色鸡尾酒。从此，红粉佳人鸡尾酒便开始流行起来。1944年，在美国百老汇的《生日快乐》的话剧中，女演员海伦·黑斯品尝了这款鸡尾酒之后便开始大秀舞姿。之后，红粉佳人鸡尾酒便成为酒吧调酒师重点推荐的鸡尾酒。

B. 红粉佳人鸡尾酒色泽粉红，口味微甜，口感滑润，杜松子香味浓郁，特别适合女性饮用。同时，粉红色象征着爱情的甜蜜与浪漫，白中透粉给人清纯与温馨的感觉。虽然含有少许酒精，但恰到好处地渲染出激情，也使奶香和柠檬汁的酸甜能够很好地凸显出来。

C. 红粉佳人的颜色是粉红色，代表着可爱、娇嫩、浪漫、温馨。

奥林匹克

雨夹雪转阴
2015 年 1 月 31 日
星期六

今天参加了西安一家大型红木家具体验馆的客户答谢活动，我的任务自然是表演调制鸡尾酒。主办方希望通过这次活动，把中国传统家具文化和西方鸡尾酒文化来一次精彩的混搭。

我站在博古架前，博古架上摆满了各种各样的酒、糖浆和果汁，而我面前的桌子上则摆放着调酒器具、毛巾、水果和冰。桌子周围站满了客人，有的聚精会神地观看，有的拿出手机不停地拍照。虽然我参加过很多次调制鸡尾酒的表演，但是这种有强烈反差的环境，还是让我内心充满新奇与紧张。

活动开始，主办方的张总客气地介绍说我是来自新西兰的美女调酒师。我回应："我的第一杯酒是献给张总的，它的名字叫奥林匹克。我非常喜欢看奥林匹克体育运动盛会，在这里祝愿张总的事业步步高升，更快、更高、更强！谢谢大家！”

这次调酒还有个小插曲呢，由于酒瓶的摆放问题，更因为自己不够细心，讲完话后，刚要进行调制就把酒瓶里的酒弄洒了。我说：“刚才我说的‘献丑’绝对不是客气话，这不，一开始就献了一个。”大伙都笑了，不少人鼓起了掌，气氛很轻松，感谢他们的宽厚与包容！

调制方法

A 将 4 ~ 5 块冰放入摇酒壶中。

B 将白兰地、白橙柑桂酒与橙汁依次倒入摇酒壶内。

C 用力摇匀至壶身出现冰霜。

D 将酒倒入鸡尾酒杯中。

材料准备 白兰地 30ml / 白橙柑桂酒 30ml / 橙汁 30ml / 冰块 4 ~ 5 块

注意事项

A. 在调制奥林匹克鸡尾酒时，可以用君度代替白橙柑桂酒。

B. 为了突出色彩和口感，橙汁的量可以比白橙柑桂酒多一点儿。

絮语

A. 奥林匹克是一款经典的鸡尾酒，它诞生于巴黎著名的“丽晶饭店”，是为了纪念 1900 年在巴黎举行的奥林匹克运动会而创制的。奥林匹克运动会经历了岁月的洗礼、时间的考验，也诞生了越来越多著名的运动员，越来越多的金牌、银牌和铜牌，越来越多美丽、感人的瞬间。

B. 在奥林匹克鸡尾酒中，加入白兰地，提升了酒的香味；加入君度，使酒的口感更加清新；加入橙汁，降低了酒精度数，提升了口感。

C. 奥林匹克鸡尾酒芳香醇厚，口感浓厚，浓缩了更快、更高、更强的奥林匹克格言，给人激情、活力十足和美好的感觉。

巴拉莱卡

阴
2015年2月18日
星期三

我家人都喜欢听古典音乐。今天，朋友送给我一张“中外名曲100首”的光盘，里面有二胡演奏的《二泉映月》，古筝演奏的《春江花月夜》，长笛、长号、小提琴、中提琴、圆号等乐器协同演奏的小提琴协奏曲《梁祝》等中国名曲。另外，还有很多世界名曲，如《天鹅湖》《蓝色多瑙河》《英雄交响曲》等。音乐是民族的，也是世界的，其影响是深远的，是能够深入人的灵魂深处的，这使我想起了一款以举世闻名的乐器巴拉莱卡琴命名的鸡尾酒。

巴拉莱卡琴是俄罗斯的民族弦乐器，被认为是俄罗斯民族的象征。因为跟其他乐器相比，巴拉莱卡琴更能表达出俄罗斯人的情怀，所以俄罗斯人对它情有独钟。它是18世纪时从冬不拉琴演变而来的。琴的腹部是三角形，也被称为“三角琴”。现在，巴拉莱卡琴作为俄罗斯古老的民间乐器，在世界舞台上仍然绽放着光彩。

当听说冬不拉是巴拉莱卡琴的前身时，一旁的老妈开始载歌载舞：

> 人们都叫我玛依拉
> 诗人玛依拉
> 牙齿白声音好
> 歌手玛依拉
> 高兴时唱上一首歌
> 弹起冬不拉冬不拉
> 来往人们挤在我的屋檐底下

老妈边唱边跳，神采飞扬，我马上调制了一杯巴拉莱卡鸡尾酒助兴。

调制方法

A 将4～5块冰放入摇酒壶里。

B 将伏特加、君度和柠檬汁依次倒入摇酒壶内。

C 用力摇匀至壶身出现冰霜。

D 将酒倒入鸡尾酒杯中。

材料准备	标准版：伏特加 30ml / 君度 30ml / 柠檬汁 30ml / 香橙皮 1 片 / 冰块 4 ~ 5 块
	柔和版：柑橘味伏特加 30ml / 君度 15ml / 柠檬汁 15ml / 冰块 4 ~ 5 块
	干性版：伏特加 60ml / 君度 30ml / 柠檬汁 30ml / 冰块 4 ~ 5 块

注意事项

A. 巴拉莱卡鸡尾酒一般调制成标准版。

B. 使用伏特加的时候，主要选用无味伏特加，就是没有果味的伏特加，这样效果会更好。

C. 巴拉莱卡鸡尾酒的口感应该清爽可口，所以伏特加、君度和柠檬汁都可以放到 30ml。

D. 如果调成标准版，需要用一片香橙来装饰。如果调成干性版和柔和版，则不需要装饰物。

絮语

A. 辛辣的伏特加与带有甜味的君度、柠檬汁混合，达到了一种完美的状态，外观清新亮丽，口味平衡，味道鲜美，清爽纯净，甘醇厚重。伏特加、君度、柠檬汁搭配在一起给人的感觉就像巴拉莱卡琴所演奏的乐声一样，让人沉思，让人怀念，让人陶醉，让人留恋。

B. 为了突出俄罗斯特色，巴拉莱卡鸡尾酒采用俄罗斯的名酒伏特加为基酒。如果将基酒换为杜松子酒，则变成了“白美人”；如果将基酒换为龙舌兰酒，则变成了“玛格丽特”。

中国红

多云转晴
2015 年 2 月 23 日
星期一

红色在中国代表着喜庆，也象征着热情和奔放。

中国红是一款我自创的鸡尾酒，这款酒的创制和过年有关。

每年大年三十，爸爸、妈妈、爷爷、奶奶、姥姥、姥爷、我都在我们家一起过年，下午吃团圆饭，晚上看春晚，24 点前还要包饺子、煮汤圆。喜气洋洋辞旧岁，欢声笑语迎新春。天增岁月人增寿，春满人间福满门。就是图个幸福团圆！

今年大年三十，我不仅是团圆饭的主厨，还给家里的过年仪式增加了一项内容——举办家庭鸡尾酒会。酒会上，大家兴致高涨，纷纷举杯欢庆，老妈突然对我说："乐乖，你什么时候可以把中国的白酒和西方的洋酒结合在一起，调制一杯酒给我们喝啊？"听了老妈的话，我略加思索之后说：

“老妈，好的！你让我想一想。”

我冥思苦想了好几天，大年初五时，我终于利用中西结合的方法，创制出一款好看、好喝、喜庆的鸡尾酒，刚一上桌，就博得满堂喝彩。有酒无名尚不足，名不正言不顺嘛。老妈问我：“酒起啥名？”我胸有成竹，脱口而出：“就叫中国红，怎么样？”这再次博得满堂喝彩，交口称赞：酒好、名好、这个春节过得好！

中国白酒也能调制鸡尾酒了！中国红鸡尾酒诞生了，我为自己的大胆创新兴奋，为中国白酒的张力骄傲！

调制方法

A 将 4 ～ 5 块冰放入摇酒壶里。

B 依次将西凤酒、朗姆酒、白兰地、君度、柠檬汁、桃汁、草莓糖浆和红石榴糖浆倒入摇酒壶内。

C 用力摇匀至壶身出现冰霜。

D 将酒倒入鸡尾酒杯中。

材料准备 西凤酒 30ml / 朗姆酒 30ml / 白兰地 30ml / 君度 30ml / 柠檬汁 15ml / 桃汁 30ml / 草莓糖浆 60ml / 红石榴糖浆 30ml / 冰块 4 ～ 5 块

注意事项

A. 对于这种混合鸡尾酒，在放入基酒的时候，每一种的含量都不应该过多，否则口感太辣。

B. 中国红鸡尾酒的颜色是深邃的红色，调制时要增加草莓糖浆的用量，需要60ml。

C. 这款鸡尾酒中红石榴糖浆不要放得过多，30ml即可。如果放得过多，口感会太甜太腻。

D. 中国红鸡尾酒中使用桃汁和柠檬汁可以中和基酒的辣感，加入一定量的君度可以增强酒的香气。

絮语

A. 中国红鸡尾酒是我自创的酒，为了突出“我爱你，中国”和“我爱我的家”的精髓与主题，我选用了中国香浓纯正的白酒西凤酒和西方的名酒朗姆酒、白兰地作基酒，中西合璧，旨在传承与弘扬源远流长的中国酒文化。

B. 由于选用陕西的西凤酒和洋酒白兰地、朗姆酒作基酒，辅助材料还有君度、柠檬汁、桃汁、草莓糖浆和红石榴糖浆，最后形成了红艳、热烈的视觉效果，也形成了自己的特色——口感浓郁、香甜可口，颜色红火喜庆。

C. 西凤酒也被称为秦酒或柳林酒，产自陕西省宝鸡市柳林镇，这个地方被誉为“凤酒之乡”。西凤酒属于中国八大名酒之一，它诞生于殷商时期，在唐朝和宋朝达到了兴盛，距今有3000多年的历史了，也孕育了许多经典的故事，如苏轼咏酒、周公庆捷、秦皇大甫等，具有丰富的文化底蕴。

苦尽甘来

阴转晴
2015年2月28日
星期六

我还想把这本小书送给我的女儿。在落笔写这篇后记的时候，她已经开始收拾行囊，准备远渡重洋了。孩子一走，家的温度和心的温度都会骤然降低，原是可以想象的，正像我最近写的一首诗中的句子：

时间是唐僧口中的紧箍咒
随着送你日子的渐近
我的心
被攥得生疼
明天，你将远行
整整一个大洋的距离
19年从牵手到挥手的痛

祝福、企盼、伤感、矛盾，更多的是撕心裂肺的无奈。我一遍遍回想起今年春节期间，为了赶在假期里完稿，有几个深夜，她都眼睁睁地看着我一个字一个字写到凌晨 2 点甚至 4 点钟，我想让她见证父辈劳作的艰辛与喜悦。因为，作为父亲，我唯一能够送给她的就是这关于艰辛与喜悦的道理。

上面是老爸为他当时即将出版的那部书法理论专著《意造宋代》写的后记的一部分文字，时间是 2011 年夏，我去新西兰留学前夕。现在，我才开始试着去揣摩与理解老爸当时的心情。

回国后，老爸常说："你在国外，我们的心是漂浮的。"老妈常说："你在国外，我们的人也分成了两半。"他们一起说："你回来了，我们也苦尽甘来了。"

我创造了这款鸡尾酒，名字叫苦尽甘来。我以这种方式，试着去体会与感悟父母对孩子的心情。

调制方法

A 将 4 ~ 5 块冰放入摇酒壶里。

B 依次将龙舌兰酒、金酒、白兰地、干味美思、甜味美思、橙汁以及君度激醇倒入摇酒壶内。

C 用力摇匀至壶身出现冰霜。

D 将酒倒入鸡尾酒杯中。

材料准备 龙舌兰 30ml / 金酒 30ml / 白兰地 30ml / 干味美思 30ml / 甜味美思 30ml / 橙汁 90ml / 君度激醇 30ml / 冰块 4 ~ 5 块

注意事项

A. 在苦尽甘来鸡尾酒中，龙舌兰酒、金酒、白兰地三种基酒的量不用太多，每种 30ml 即可，否则酒味太重。

B. 调制时放入君度激醇使这款酒的口感甘醇清新，加入干味美思和甜味美思则突出了酒的香味。

絮语

A. 苦尽甘来鸡尾酒是我自创的酒，这款酒包含很多复杂的思绪，也有多种味道。在基酒的选用上，使用龙舌兰酒和金酒是为了体现出所遇到的艰苦；使用白兰地是为了体现出在艰苦的环境下仍然不屈不挠；使用干味美思和甜味美思是为了体现出虽然环境艰苦，但是仍然追求美好的未来；添加君度激醇是为了凸显在奋斗中所历经的心酸；加入橙汁突出了奋斗之后的喜悦。

B. 鸡尾酒的最大魅力在于创造性，它是调酒师用想象力结合创造力完成的杰出作品，是一种不受任何约束、任何限制、任何障碍产生的具有创新性的事物。调制鸡尾酒的原料有很多类型，各款酒所需要的配料种数也不相同，有的需要 2 种、3 种，有的需要 5 种、6 种，有的需要更多种。我创制的中国红鸡尾酒采用了 8 种原料，这一款苦尽甘来的原料有 7 种。

撞墙哈维

多云
2015年3月1日
星期日

爷爷做饭的水平很高，对于烹饪，他的理念是：不仅要把菜做熟，还要色香味俱全。在他的妙手之下，任何食物都能凸显出它的美色、美味来。爷爷做的饭，无论是煎、炒还是油炸，无论是炒菜还是面点，无论是蔬菜还是肉类、海鲜，他都能得心应手，做出家的味道。

今天上午，陪爷爷、奶奶逛超市。爷爷买了许多搭配好的调料，里面有小红椒、花椒、大料、生姜等。看到雪里蕻（我们也叫它芥菜），我的口水都涌到嘴边了，我说："爷爷今天要大秀厨艺了！"奶奶说："是呀，爷爷要给你做蒸碗喽！"芥菜肉、黄焖鸡、蒸排骨和蒸鱼块是爷爷的拿手绝活，被我们称为"张氏一绝"。芥菜肉更是"绝中之绝"，大家的最爱！听罢此话，爷爷意味深长地说："这些调料的用途可不仅仅是蒸肉调味，还具有食补作用呢！花椒祛风湿，大料健肠胃，芥菜作用更大了，不仅对眼睛好，帮助消化，还能止咳祛痰，这些都是药材呀！”这下轮到我卖弄专业了：“对！不只是蒸肉调料，也是药材，调制鸡尾酒所需要的利口酒也有很多加入了草药。爷爷做芥菜肉，我用一款草药利口酒加利安奴为原料调制一杯撞墙哈维鸡尾酒。今天我们来个芥菜肉‘撞上’鸡尾酒的晚餐！”

调制方法

A 将 4 ~ 5 块冰放入摇酒壶里。

B 依次将伏特加、橙汁和加利安奴利口酒倒入摇酒壶内。

C 用力摇匀至壶身出现冰霜。

D 将酒倒入鸡尾酒杯中。

E 用橙子和樱桃做装饰。

材料准备 伏特加 45ml / 橙汁 90ml / 加利安奴利口酒 30ml / 樱桃 1 颗 / 橙子 1 片 / 冰块 4 ~ 5 块

注意事项

A. 伏特加具有像火焰一般的口感，一般调制的时候不要放太多，量过多会使口感很辣，但是在调制撞墙哈维的时候，伏特加要稍微加多一点儿，以45ml为宜。

B. 加利安奴利口酒是一款草药型利口酒。为了防止药味过于浓烈，酒味被掩盖，加利安奴不要放得过多。

C. 橙汁应该多用一点，这样可以突出鲜亮的颜色。

D. 这款酒可以用橙子和樱桃做装饰。

絮语

A. 撞墙哈维是一款很经典的鸡尾酒。关于这款鸡尾酒的来源，有这样一个故事：哈维是一名冲浪运动员，来自美国加利福尼亚州。他在一场很重要的比赛中失败了，就来到酒吧饮酒，以消除心中的烦闷。刚开始，他要了一杯螺丝钻，但是调酒师在调制的过程中多加了一些加利安奴利口酒。由于他喝的酒很多，所以在往酒吧门口走的时候，不停地往柜台和墙上撞，从这一天起，他就有了一个绰号——撞墙哈维。这款闻名于世的鸡尾酒从此诞生了。

B. 加利安奴利口酒可以简称为“加利安奴”，产自意大利。它诞生于1896年，属于草药类利口酒，创始人是阿图罗·瓦卡利。阿图罗·瓦卡利是意大利蒸馏酒和白兰地的制造商。第一次意大利与埃塞俄比亚的战争时，1896年意大利战败，为了表达对意大利朱塞佩·加利安奴将军的敬意，阿图罗·瓦卡利将一款新制成的利口酒命名为“加利安奴”。

C. 撞墙哈维鸡尾酒充满热情与激情。芳香宜人的加利安奴与辛辣的伏特加搭配在一起，突出了火爆的感觉，给人劲辣的享受。同时，由于加入了橙汁，增强了甜味，使这款鸡尾酒清新爽口，十分美味，芳香的味道得到了很好的体现，让人有一种酣畅淋漓的快感享受。

B52

多云转晴
2015 年 3 月 8 日
星期日

小永是我在东北的一位亲戚，虽然男女有别，但我俩年龄相仿，见面就斗嘴，今天又多了一项斗酒。

他说："我们那旮旯儿有一种喝酒的方法，叫深水炸弹，就是把满杯的白酒沉入满大杯啤酒里，老厉害了！"

我问："你能喝几杯？"

他扬扬自得地说："五六杯吧。"

我说："我们这儿有一种更厉害的喝法，比你们那儿的还花哨。你喝几杯，我就喝几杯。"

傻小子竟一口气喝了五杯深水炸弹，我也不食言，不慌不忙地喝了 5 杯 B52 鸡尾酒。

小永不知道是喝傻了，还是真傻，直嚷嚷："不算，不算！"

我说："我这是 B52，轰炸机，比深水炸弹厉害吧。分了3层的鸡尾酒，比你那两种颜色花哨吧。再说，你喝酒用的酒杯，装白酒的叫酒盅，装啤酒的叫玻璃杯。我的B52用的酒杯，在鸡尾酒中叫作鸡尾酒载具，学名‘子弹杯’。说说谁厉害！”连珠炮似的一番话说得他哑口无言。

其实，B52鸡尾酒酒精度数低，并且非常香。

看着头涨脸红的小永，我立马给他调了杯B52。小永陶醉了：“妹妹呀，这鸡尾酒就是好喝，过两年我和你嫂子结婚，婚礼上就喝你调的鸡尾酒。”

我说：“好啊，采用鸡尾酒会的形式，给你举办个鸡尾酒会婚礼，既热情洋溢，又时尚浪漫。场地布置以铂金色为主色调，一张巨大的长桌成为中心，各种华丽的洋酒、利口酒、果汁五彩缤纷，琳琅满目，各种鸡尾酒杯晶莹剔透，倍显豪华。开胃食品包括牛肉、鸡肉和蔬菜等，还要准备一个超大的婚礼蛋糕。婚礼上先有一个精致温馨的仪式，然后甜美的音乐响起，来宾们自由用餐、交谈、唱歌、跳舞……鸡尾酒当然由我全部负责啦！”

这话说得他心花怒放，春风满面。

调制方法

A 在桌面上放一个干净的子弹杯。

B 用量酒杯沿着搅拌匙的背面，依次将咖啡利口酒、百利甜以及君度缓缓地加入子弹杯内。

材料准备 咖啡利口酒 15ml / 百利甜 15ml / 君度 15ml

注意事项

A. 调制 B52 时必须使用子弹杯。

B. 调制时，原料酒的比重很重要，倒入时速度不能太快。

C. 饮用的时候需要搅匀。

调制 B52 时要使用分层法，这种方法能让鸡尾酒分出层次和色泽。分层法的调制工具是量杯、吧匙，具体做法是按照材料成分的浓度、比重和酒精度数的高低，决定加入的前后顺序。调制时需小心地将材料沿着杯缘慢慢地加入杯内，绝对不能直接倒入。

边车

老爸平时很忙，偶有闲暇时喜欢在电脑上反复看冯小刚的喜剧，今天看的是 20 世纪 90 年代末那部著名的贺岁片《甲方乙方》。他一边哈哈大笑，一边把我叫过去，说："你看，这就是边车，也叫挎斗摩托。我小的时候，在街上还能常常看到，你这一代人就只能在博物馆或是影视作品中看了。"

影片中梦想当巴顿的英达，与葛优正吹得热火朝天，我的目光却集中在这台奇怪的车上，这就是著名的边车呀！与鸡尾酒缘分不浅，有一款著名的鸡尾酒也叫"边车"。

资料显示，边车是一种附有单轮的设备，加装在摩托车、踏板车或自行车的一侧，将车辆从二轮变成三轮，也被称为侧车、挎斗或挂边车。其中，最普遍的样式是在摩托车上加装，称为"附侧车摩托车""挎斗摩托车"或"边三轮摩托车"。

在第一次和第二次世界大战中，边车作为一种高机动性的交通工具被广泛使用，既可以载人，也可以载物。

为了感谢老爸对我的关心，我悄悄调制了一杯边车鸡尾酒，放在他的面前。

调制方法

A 将4～5块冰放入摇酒壶里。

B 依次将白兰地、柠檬利口酒和柠檬汁倒入摇酒壶内。

C 用力摇匀至壶身出现冰霜。

D 将酒倒入鸡尾酒杯中。

材料准备	标准版：白兰地30ml / 柠檬利口酒30ml / 柠檬汁30ml / 冰块4～5块
	柔和版：白兰地30ml / 柠檬利口酒15ml / 柠檬汁15ml / 柠檬片1片 / 冰块4～5块
	干性版：白兰地60ml / 柠檬利口酒30ml / 柠檬汁30ml / 冰块4～5块

注意事项

A. 调制边车鸡尾酒时，有些人会使用君度，但是使用柠檬利口酒的效果会比君度好，因为柠檬利口酒一方面可以提升酒的色彩，另一方面可以加强口感。

B. 柠檬利口酒的用量跟白兰地的用量相同，不可比白兰地的量多，否则闻起来过于芳香。使用柠檬利口酒会增强口感，让人喝了以后感觉甜味在口腔弥漫，但是量大了会增加辣味。

C. 边车鸡尾酒柔和版可以使用柠檬片装饰。

絮语

A. 边车是一款经典的鸡尾酒。关于它的诞生，有这样一个故事：一天，一位调酒师在酒吧里调制了一杯新款鸡尾酒，当他正在考虑如何起名字的时候，忽然听到外面有挎斗摩托车的声音，就说了一句："是边车吧？"于是边车鸡尾酒诞生了。

B. 这款鸡尾酒中有香气四溢的白兰地，甜味的柠檬利口酒以及酸味的柠檬汁，给人一种美的感觉。品尝这杯鸡尾酒时，遥想相同名字的车，仿佛听到边车行驶的声音在耳边回荡，仿佛看到战场上弥漫的硝烟。柠檬汁的酸味凸显了战争的惨烈状况，柠檬利口酒的甜味预示着正义、和平，白兰地那悠长的香气代表了历史在记忆中永存。

C. 边车鸡尾酒的基本配方使螺丝钻、玛格丽特等诸多经典鸡尾酒应运而生。

樱花

晴
2015年4月2日
星期四

今天，陪姥姥、姥爷去青龙寺赏樱花。在这座著名的古刹，我看到了白色的樱花、黄色的樱花、绿色的樱花和粉色的樱花。无论是哪一种樱花，它们都在春风里露出了笑脸，绽放出它们最美丽的面庞；它们迎风招展，快活地拥抱着春天，快乐得像孩子；它们在春风中盛开，婀娜多姿，花枝招展。

2012年，我在新西兰奥克兰学会了经典鸡尾酒樱花，回去的路上恰巧看到了一所美丽的房子，房子旁边有一树美丽的樱花，顿时心花怒放。那感觉，现在想起来都觉得美滋滋的。

今天又看到樱花如春风般盛开，此时此刻，喝上一杯樱花鸡尾酒，真是给人一种莫大的享受，于是我回家调制了这杯鸡尾酒让爸妈品尝。美丽的鸡尾酒，有一个美丽的名字：樱花。

美丽是浪漫，浪漫也是美丽……老妈写下了这样一段优美的文字。

樱花，貌似艳丽，骨子里却透着淡雅与温柔。此时，我眼前浮现的不是花团锦簇的樱花，而是徐志摩的那首温柔的《沙扬娜拉》：

最是那一低头的温柔，
像一朵水莲花，
不胜凉风的娇羞，
道一声珍重，
道一声珍重，
那一声珍重里有蜜甜的忧愁——
沙扬娜拉！

唉，美丽总是与温柔相伴！

A 将 4 ~ 5 块冰放入摇酒壶里。

B 依次将白兰地、橙汁、君度、柠檬汁和石榴糖浆倒入摇酒壶内。

C 用力摇匀至壶身出现冰霜。

D 将酒倒入香槟杯中。

材料准备 白兰地 30ml / 君度 30ml / 橙汁 30ml / 柠檬汁 30ml / 石榴糖浆 15ml / 冰块 4 ~ 5 块

注意事项

A. 在樱花鸡尾酒中，使用白兰地作为基酒可以突出这款酒的香气，因为白兰地很香、清新宜人。

B. 樱花鸡尾酒口感不宜过辣，应该让人感觉高雅、淡薄、纯洁，所以需要使用红石榴糖浆来增加甜味，颜色也会因此变得亮丽可人。

絮语

A. 樱花是一款经典鸡尾酒，它是横滨“巴黎酒吧”的老板田尾多三郎创制的，诞生于日本，并且在世界各地广泛传播。

B. 樱花原产于喜马拉雅山地区。早在 2000 多年前的秦汉时期，中国就已种植樱花。唐朝时期，种樱、赏樱成为时尚，就像白居易诗中描述的：“小园新种红樱树，闲绕花枝便当游。”日本人很喜爱樱花，把它作为国花，认为它象征日本武士道绚烂而短暂的美学，活着就要像樱花一样绚丽灿烂，死去时也要像樱花一样高贵凋落。

C. 在樱花鸡尾酒中，加入白兰地可以突出酒的香气，充分体现了酒的名字和主题；加入君度，增强了甘醇的口感；加入橙汁和柠檬汁，降低了酒精度数，可以更好地体现樱花给人那种淡淡的感觉；加入红石榴糖浆，增强了视觉效果。

晴
2015年4月15日
星期三

迈阿密海滩

出国留学，对我们这个年龄段的人来说，就像钱锺书笔下的《围城》——出去的人想回来，在家的人想出去。我从新西兰回来后，陆续听到同学们出国留学的消息。其中，正在话别的丽丽，她将要去的地方是美国迈阿密。

我俩说说当年的同学、旧事，聊聊我在新西兰学鸡尾酒的情况，听她谈谈对美国的畅想，一下午的时间过得特别快。当余晖映在玻璃窗上的时候，我们忽然有些伤感，为了缓解气氛，我灵机一动说："给你调杯鸡尾酒吧，名字就叫迈阿密海滩。"

在新西兰留学时，老师告诉我，迈阿密位于有着"阳光之州"之称的佛罗里达，是佛罗里达南都市圈中最大的城市。迈阿密海滩非常有名，这里有明媚的阳光、宜人的天气、长长的白沙滩、蔚蓝的海水，当然，最吸引眼球的是海滩上的无数俊男美女。在欧洲人眼里，迈阿密是一个海滨天堂，迈阿密海滩之美令人流连忘返。

送丽丽出门，她说："谢谢，谢谢你调的迈阿密海滩！"这让我想起《红灯记》的唱段，套用过来就是：临行喝姐一杯酒，壮志未酬誓不休。丽丽是京剧迷，但愿她在美国能够经常高兴地来几段京剧。

调制方法

A 把 4 ~ 5 块冰放入摇酒壶里。

B 将威士忌、干味美思和葡萄汁依次加入摇酒壶内。

C 用力摇匀至壶身出现冰霜。

D 把酒倒入鸡尾酒杯中。

E 用鸡尾酒签串起一个樱桃做装饰。

材料准备 威士忌 30ml / 干味美思 30ml / 葡萄汁 30ml / 樱桃 1 颗 / 冰块 4 ~ 5 块

注意事项

A. 这款鸡尾酒要有清爽的口感，所以需要使用干味美思。

B. 调制时，葡萄汁的用量可增加到60ml，这样会突出香甜清新的感觉。

絮语

A. 迈阿密位于美国佛罗里达州东南角的比斯坎湾、佛罗里达大沼泽地和大西洋之间，这里是美国与拉丁美洲之间的通道，被称为“美洲的首都”，这里特有的拉丁文化，为迈阿密增添了一抹异彩。

B. 迈阿密海滩鸡尾酒中，威士忌的芳香浓郁与干味美思的甜味完美融合在一起，葡萄汁的酸味带给人一种清新爽口的感觉。这款鸡尾酒很适合夏天饮用，饮用时让人不禁想起迈阿密海滩的习习清风和蓝蓝的天空。

C. 这款鸡尾酒命名为迈阿密海滩，颇具诗意。以自然景观命名是鸡尾酒命名的一种方式，如迈阿密海滩、蓝色夏威夷、佛罗里达、耶稣山等，这只是以此来表达创作者的情感。以自然景观命名的鸡尾酒各有其特点，一般色泽艳丽、口味独特、装饰新颖。

美丽的邂逅

好的城市
是能够印证记忆的城市
哪怕十多年后，再来
海风依旧
凉爽依旧
巷口那间小餐馆依旧
即使只有一面之缘
仍然会愉快地
不期而遇

好的城市
是能够续写故事的城市
哪怕十多年后，再来

同样水晶般的夜
同样一尘不染的街
同样摇曳着清脆的树叶
娓娓述说几乎同样的话
美丽的重复
仿佛自己不曾衰老

好的城市
是有温度的城市
哪怕十多年后，再来
接送你的人不变
一切美好不变
多一次挥别，添一分惦念
脱口问候黄昏的码头
海上的云是否依然红白相间

这是老爸的一首诗，题目叫：好的城市。很多人喜欢这首诗，有的人喜欢“接送你的人不变”，有的人喜欢“美丽的重复”，有的人喜欢“能够续写故事的城市”。老妈喜欢“好的城市 / 是有温度的城市”，而我更喜欢那句“巷口那间小餐馆依旧 / 即使只有一面之缘 / 仍然会愉快地 / 不期而遇”。这也是邂逅，邂逅的对象不一定非得是人，一草一木，一间温馨的小餐馆，只要愉快地不期而遇，同样也是美丽的邂逅。

晚上，当老爸喝到我调的这杯名叫“美丽的邂逅”鸡尾酒时，他也和这杯鸡尾酒邂逅了。

调制方法

A 把 4 ~ 5 块冰放入摇酒壶里。

B 把金酒、干味美思、甜味美思、橙汁和红石榴糖浆依次倒入摇酒壶里。

C 用力摇匀至壶身出现冰霜。

D 把酒倒入鸡尾酒杯中。

材料准备 金酒 30ml / 干味美思 30ml / 甜味美思 30ml / 橙汁 30ml / 红石榴糖浆 15ml / 冰块 4 ~ 5 块

注意事项

A. 调制美丽的邂逅鸡尾酒时，干味美思和甜味美思的量相同。

B. 和红粉佳人不同，调这款酒时，红石榴糖浆要放在摇酒壶内。

絮语

A. 这款鸡尾酒色泽鲜艳亮丽，能够营造出一种浪漫的氛围，让人不禁联想到帅男靓女不期而遇的浪漫、甜蜜场景，或者让人感觉到一个美丽、漂亮、温柔的知己就在眼前那种奇异的灵感。

B. 这款鸡尾酒口感甘甜，芳香怡人，适合女性饮用。

C. 基酒在鸡尾酒中起主导作用，但完美的鸡尾酒绝对不是基酒的独角戏，还需要各种加香、提味、调色的材料，并且各种成分充分混合达到色、香、味、形俱佳的效果。

选择基酒首要的标准是酒的品质、特性，其次是价格。理想的鸡尾酒是用品质优良、价格适中的酒作基酒，既不铺张浪费，又能调出令人满意的酒。

百老汇

今天下午，应邀为一个影视论坛调酒助兴，明星大腕来了不少，一个比一个吸引眼球。我调酒的兴致也分外高，状态特别好。我特别调制了一款名叫“百老汇”的鸡尾酒，受到来宾的热烈欢迎。

调酒的时候，我不仅展示了自己调酒的过程和成品，也表达了鸡尾酒的基本理念。每一款酒都内涵丰富，历史悠久，体现了鸡尾酒的艺术性与文化性。

百老汇鸡尾酒也有着深厚的文化底蕴，它因百老汇的出名而得名。众所周知，百老汇的原意是“宽阔的街”。它是指以纽约市中心之外的巴特里公园为起点，由南到北贯穿于整个曼哈顿岛的一条长街。路的两旁分布着众多的剧院，是美国戏剧和音乐剧的重要发祥地，因此百老汇成为美国音乐剧的代名词。百老汇的历史可以追溯到19世纪初，那时它已经成为美国戏剧艺术的活动中心。建于1810年的公园剧院是现在百老汇剧院的始祖，经过多年的发展，它已经成为纽约市文化产业的支柱之一。

下半场的论坛开始了，还有许多嘉宾流连忘返，与我不停地互动。主办方王小姐过来请了几次，效果都不明显，最后只好把我请走了，还开玩笑说："关键是您讲的地方不对。"我说："关键是时间不对，应该安排在晚宴时间。"

调制方法

A 把4 ~ 5块冰放入摇酒壶里。

B 将龙舌兰酒、橙汁、柠檬汁和白糖糖浆依次倒入摇酒壶内。

C 用力摇匀至壶身出现冰霜。

D 将酒倒入鸡尾酒杯中。

材料准备 龙舌兰30ml / 橙汁30ml / 柠檬汁30ml / 白糖糖浆1茶匙 / 冰块4 ~ 5块

注意事项

A. 百老汇是音乐剧与歌舞剧的象征，所以这款酒从色泽上要体现出高雅、精致与美观。

B. 百老汇鸡尾酒选用了橙汁和柠檬汁，这两种果汁都是酸甜口感，既可以突出色泽，又可以增强口感。另外，由于此款鸡尾酒采用的基酒是龙舌兰，它的口感就像热带沙漠那样暴烈，所以加入橙汁和柠檬汁可以遮盖龙舌兰的辣味，使口味达到平衡。

絮语

A. 鉴于百老汇的盛名，调酒师把他所调制的鸡尾酒命名为“百老汇”，可谓匠心独运。这款鸡尾酒美丽的橙色让人不禁联想起百老汇街头五光十色的霓虹灯，仿佛置身于纽约的街道上。

B. 百老汇推动了美国戏剧表演艺术的发展，同时也造就了很多著名的好莱坞明星，上演了很多家喻户晓的音乐剧、歌剧，著名音乐故事片《音乐之声》就出自百老汇。

C. 调酒时，在清新爽口的龙舌兰酒中加入了果汁，使鸡尾酒的味道非常甜美，给人舒适美好与自然缥缈的感觉。

自由古巴

绿树成荫五月天，是非常适合饮用鸡尾酒的季节，所以我频频在家中举行鸡尾酒会，每次大家都喝得兴高采烈，气氛非常热烈。

今天来了一位抽雪茄的客人，他使我想到了古巴，想到了加可乐调制的鸡尾酒——自由古巴。当我把自由古巴鸡尾酒送给抽雪茄的伯伯时，他激动得几乎手舞足蹈了：“自由古巴，让我想起了裴多菲的诗——生命诚可贵，爱情价更高。若为自由故，二者皆可抛。”他的太太站在一旁，含笑接了一句：“自由古巴，让我想起了泰戈尔的诗——让我的爱情，像阳光一样，包围着你而又给你光辉灿烂的自由。”大家听完，赞赏声、喝彩声、掌声不绝于耳。看来，灵感、情感与美酒真是相得益彰呀！

调制方法

A 把 6 ~ 8 块冰放入古典杯中。

B 把 45ml 朗姆酒倒入古典杯内。

C 加入可乐注满。

D 用柠檬做装饰。

材料准备 黑朗姆酒 45ml / 可乐适量 / 柠檬 1/4 个 / 冰块 6 ~ 8 块

注意事项

A. 调制自由古巴鸡尾酒时不采用摇和法或者搅拌法，应采用兑和法。

B. 朗姆酒应选用黑朗姆酒，不用白朗姆酒或者金朗姆酒。

C. 装饰物柠檬可以直接放入酒杯中。

絮语

A. 自由古巴是一款非常经典的鸡尾酒，关于它的起源，有这样一个故事：古巴独立战争期间，在古巴即将取得胜利的时候，在一旁观望的美国以援助古巴革命为由，派遣军队登陆古巴。西班牙战败后，美国取代西班牙管理古巴。那个时候，美国正在进行禁酒运动，但是这条规定并没有起到很大的作用，驻古巴的美军喝酒的风气很普遍。1898 年 11 月的一天，天气非常闷热，一名美军中尉进入一个名叫“美国俱乐部”的酒馆，随口要了一杯加冰的“巴卡迪”（朗姆酒的一种）。忽然，他看见其他军官们坐在吧台边喝着可口可乐。这时，他才想到了禁酒令，马上点了一份可乐，倒入朗姆酒中，结果混合起来的酒味道非常好，所以酒吧里的其他顾客争先模仿。其中，一个古巴人品尝了一口，然后说：“这不就是‘自由古巴’吗？”

B. 在自由古巴鸡尾酒中，黑朗姆酒辣中带甜的口感与世界著名的饮料可口可乐搭配在一起，带有甜味的可乐压制了朗姆酒的辣味，颜色虽然很深，但是这款鸡尾酒的口感却很柔和，香气四溢，凸显了自由这个主题。

吉布森

小雨转阴
2015 年 5 月 21 日
星期四

今天，舅舅、舅妈在微信上把表妹参加新加坡画展的画作“晒”了出来，上面是一只鹦鹉，色彩艳丽，形象生动，活灵活现。

表妹 9 岁，雪白的皮肤细腻光滑得就像我老爸收藏的粉彩瓷瓶的底色一般，细长的眼睛在密密的睫毛下既可爱又透着精灵。她经常发现新奇的事物，小嘴里发出银铃般的欢呼：“这个东西好好哎！”她说下次在西安或新加坡见面，一定画一幅最适合我的画送给我。我说等她长大了，一定调一款最适合她的酒给她喝。她还小，这款鸡尾酒的名字我没有告诉她，酒名叫“吉布森”，美国著名画家查理·吉布森对此酒情有独钟。

查理·吉布森生于 1867 年，比我表妹整整大了 139 岁，他为当时很多报纸、杂志、书籍绘制插图，笔下的女孩都有天真活泼、富有创造力的特点，成为当时人们心中理想的美国女孩形象，被称为“吉布森女孩”。这个形象影响了美国整整 20 年的审美观。

表妹无论是长相还是性格都很符合“吉布森女孩”呢！

调制方法

A 把 4 ~ 5 块冰放入摇酒壶里。

B 把金酒和干味美思倒入摇酒壶内。

C 用力摇匀至壶身出现冰霜。

D 将酒倒入鸡尾酒杯中。

E 放入珍珠洋葱做装饰。

材料准备 金酒 60ml / 干味美思 30ml / 珍珠洋葱 1 个 / 冰块 4 ~ 5 块

注意事项

A. 这款酒的口感应该是清爽甘冽，所以不需要加入果汁。

B. 吉布森鸡尾酒中金酒与干味美思的含量可以一样。

絮语

A. 吉布森鸡尾酒是一款经典鸡尾酒，被称为“无苦汁的马提尼”，据说是美国著名插图画家查理·吉布森创造的。

B. 在吉布森鸡尾酒中，采用金酒作为基酒，提升了这款酒的清香；加入干味美思，降低了金酒的酒精度数，突出了酒的甘冽与清凉，提升了酒的口感。

C. 干味美思，也被称为“法国味美思”，是指没有糖分的干红加味葡萄酒，可以作为餐前酒，也可以调制鸡尾酒。优质、高档的味美思，需要选用口味浓郁的陈年干白葡萄酒，然后加入20多种芳香植物，经过多次过滤和提纯，经过半年以上的贮存，才能生产出来。

D. 吉布森鸡尾酒是酒精度数较高的一款鸡尾酒。这款鸡尾酒在美国作家的作品中经常出现，以此表现美国女性的优雅、睿智、成熟和开放自由的个性，从中也可以看出随着时代的发展，“吉布森女孩”逐渐成熟。

螺丝钻

多云
2015年6月7日
星期日

我20岁生日是在遥远的新西兰度过的，那天我意外地收到了老妈和老爸非常特殊的礼物，那是一个他们自己制作的贺卡。大红色的贺卡封面图案简洁大方，是一个大大的红底露白色的“心”形和一条飘逸的蝴蝶结红丝带，“心”形中央写着“送给女儿乐乖20岁生日祝福”。

乐乖：

今天是你20岁生日。爸妈祝宝贝女儿快乐幸福！

本来我们不约而同地想送给你一个生日礼物，又不约而同地放弃了这个念头，一来我们现在没有能力送给你一件让你觉得惊喜，我们也觉得惊喜的礼物，更主要的是我们觉得任何物质的东西都是有限的，所以在你 20 岁生日，爸妈送给你六个祝愿，愿你快快成长，成长得有本事，只有本事和能力是无限的，能创造你希望得到的一切，在成长中打理好自己的人生！

一愿学会坚忍，二愿明确目标，三愿勤奋努力，四愿敏捷不迁延，五愿拥有一颗善心，六愿笑对人生。

六个祝愿表达了父母对我深沉的爱。

“爸妈的心和爱永远陪伴你”写在贺卡最后一页。

那天，我独自在房间一次又一次练习调制螺丝钻鸡尾酒，因为老爸不爱吃菜，需要补充维生素 C。老妈最在意补充维生素 C，在家的时候，妈妈总是给我准备好洗干净的苹果或容易剥皮的橘子，她说多补充维 C，会让口气清新，还对皮肤好。螺丝钻是富含维生素 C 的鸡尾酒，我想有朝一日，我会调制出一杯最好的螺丝钻鸡尾酒，送给老爸、老妈品尝。

调制方法

A 把 4 ~ 5 块冰放入摇酒壶里。

B 将金酒、柠檬利口酒和柠檬汁依次倒入摇酒壶内。

C 用力摇匀至壶身出现冰霜。

D 将酒倒入鸡尾酒杯中。

材料准备	标准版：金酒 30ml / 柠檬利口酒 30ml / 柠檬汁 60ml / 冰块 4 ~ 5 块
	柔和版：金酒 30ml / 橙汁 30ml / 冰块 4 ~ 5 块
	干性版：金酒 60ml / 柠檬利口酒 30ml / 柠檬汁 30ml / 冰块 4 ~ 5 块

注意事项

A. 调制螺丝钻时，一般不使用橙汁，而是使用柠檬汁。

B. 在调制这款鸡尾酒时，一般用金酒 30ml，柠檬利口酒 30ml，柠檬汁 60ml，这样调出来的酒口感很舒适。如果基酒放得过多，口感会很辣，让人觉得不舒服。

絮语

A. 螺丝钻是一款世界著名的经典鸡尾酒。很久以前，船员出海时间很长，因食物中缺少维生素，船员大量死亡。在 17 世纪的英国，为了给长期出海的船员补充维生素 C，这款鸡尾酒诞生了。

B. 螺丝钻原是一种工具，一般指木工用的螺丝刀或软木塞起子。早期的螺丝钻鸡尾酒是用酸橙汁调制的，当时酸橙汁存储在封闭的木桶里，使用时需要用工具在木桶上开个小口，常用的工具就是螺丝钻，因此螺丝钻与鸡尾酒结了缘。

C. 螺丝钻鸡尾酒选用甘洌辛辣的金酒作基酒，突出了酒的辣味和香味；用柠檬利口酒遮住金酒的辣味，并增加甜度；用柠檬汁调节酒的甜味，增加点儿酸味。最终使酒的味道达到了一种平衡，令饮用者神清气爽，有一种美的享受。

D. 螺丝钻鸡尾酒四季均宜饮用，酒性温和，气味芬芳，能提神健胃，让人们感到舒适安逸。

代基里

晴转多云
2015年6月10日
星期三

今天，白天畅游终南山，晚上在家里读唐诗。唐诗很大的一个特点就是写山多、写水多、写酒多，正所谓“仁者乐山，智者乐水。”我觉得还要续上一句：人人乐酒。

终南山位于西安城南，早在唐朝就非常有名，还有终南捷径的故事。写终南山的诗也很多，既有大诗人王维的“太乙近天都，连山接海隅”，也有白居易写的卖炭翁在此“伐薪烧炭南山中”。终南山高大雄伟，属于秦岭山脉。秦岭是中国南北方的分水岭，被著名作家陈忠实赞誉为“中国人的父亲山”，因为“他直起直立，多险峻也不乏柔缓之处，给人的感觉就像父亲的脊梁能承载所有的重荷。”最近，读了外国人写的《空谷幽兰》这本书，我才知道原来离我这么近的这座山还是座隐居名山呢，群山清风中居然藏有那么多当代隐士！

为了纪念今天的游山活动和读诗，临睡前，我调制了一杯以山为主题的鸡尾酒犒赏自己，同时还悄悄对出差在外的父亲表示感恩，这款酒就是著名的代基里。

调制方法

A 把 4 ~ 5 块冰放入摇酒壶里。

B 将朗姆酒、柠檬汁与白糖糖浆依次倒入摇酒壶里。

C 用力摇匀至壶身出现冰霜。

D 将酒倒入鸡尾酒杯中。

材料准备	标准版：白朗姆酒 30ml / 柠檬汁 30ml / 白糖糖浆 30ml / 冰块 4 ~ 5 块
	柔和版：白朗姆酒 30ml / 柠檬汁 60ml / 白糖糖浆 15ml / 红石榴糖浆 5ml / 冰块 4 ~ 5 块
	干性版：白朗姆酒 60ml / 柠檬汁 15ml / 白糖糖浆 15ml / 冰块 4 ~ 5 块

注意事项

A. 这款鸡尾酒一般不加入红石榴糖浆，柔和版可以加入。

B. 如果想要冰爽的口感，可以不加入白糖糖浆，并把柠檬汁的用量提高到60ml。

絮语

A. 代基里是一款经典鸡尾酒，被称为“无与伦比的巅峰之作”。它以古巴的一座矿山代基里山命名。代基里山位于古巴的第二大城市圣地亚哥附近，这座城市也被古巴人称为“英雄城”。

B.1930年左右，代基里鸡尾酒诞生于古巴首都哈瓦那的小佛罗里达酒吧。在古巴创作出《老人与海》的海明威是小佛罗里达酒吧的忠实粉丝，这里的代基里鸡尾酒是海明威的最爱之一。他的名言“我的莫吉托在‘小杂货铺’，我的代基里在‘小佛罗里达’”，使这两款鸡尾酒成为经典，也使这两间酒吧闻名于世，至今每天都有很多人光顾，其中不乏社会名流。小佛罗里达酒吧内有一座海明威的铜像，海明威铜像按照与真人1：1的比例，以他著名的“喝鸡尾酒，能站着就不要坐着的”的标志性姿势铸成，靠在吧台前，双目含笑地等待他挚爱的代基里。

C. 代基里诞生于古巴，且以古巴特产朗姆酒为基酒，加上白糖糖浆和清新的柠檬汁，清香凉爽。这款诞生于炎热国度的鸡尾酒，适合在烈日炎炎的夏季饮用，让人不禁联想起浪漫的海滨生活：惬意的沙滩、明媚的阳光、清新的空气、湛蓝的天空。

莫吉托

去年这个时候姥姥和姥爷正在欧洲旅游，足迹遍及瑞士、意大利、英国和法国等8个国家。

唐朝有个走马观花的故事，我觉得姥姥和姥爷真是几日看遍欧洲花呀！他俩回复说：“夕阳得意马蹄疾，挡不住欧洲文明的诱惑啊！”姥姥、姥爷的微信昵称叫“夕阳”。在旅游期间，他们不断地给我发来照片，其中一张是姥爷跟司机丹尼尔先生在停车休息时，教他打中国太极的照片！照片上，俩老头儿快活得像小孩子一样，一个抬手勾脚，似白鹤亮翅；一个虚步插掌，稳若海底针。一中一西的组合，有趣的路边表演和快乐的心态，让我大受感染。我调制了一杯莫吉托鸡尾酒，拍下照片发给旅途中的他们，只配了六个字：年轻无极限啊！因为，莫吉托是一款著名的鸡尾酒，可以使人保持精力充沛。

丹尼尔先生很喜欢中国的太极拳，他可是欧洲之行中最让姥爷欣赏的人呢！姥爷常常跟我说：“壮美的欧式建筑和瑰丽的田园风光让我们大饱眼福，而其中最令我心动的，就是我们所乘的旅游大巴司机丹尼尔，在总计行车 2000 公里的路上没有一次颠簸，没有一次鸣笛。”丹尼尔先生职业素养高，让姥爷至今念念不忘。我明白姥爷话里的深意，他不是年老而唠叨，其实是在提醒我举止文明和做人做事要尽心尽力、尽善尽美。

调制方法

A 将一部分薄荷叶用研体压碎并放在长饮杯中。

B 把 6 ~ 8 块冰放入长饮杯里。

C 把白朗姆酒、柠檬汁以及白糖糖浆加入长饮杯内。

D 加入苏打水注满。

E 用剩下的薄荷叶进行装饰。

材料准备 新鲜薄荷叶 6 ~ 7 片 / 白朗姆酒 60ml / 柠檬汁 30ml / 白糖糖浆 1 茶匙 / 苏打水适量 / 冰块 6 ~ 8 块

注意事项

A. 在莫吉托鸡尾酒中，一定要用白朗姆酒，否则会影响视觉效果。

B. 调制时，使用白糖糖浆会优于使用白砂糖。

C. 柠檬汁不需要太多，最多30ml，过多口感会太酸。

D. 这款酒需要使用兑和法进行调制，不能使用摇和法或者调和法。

絮语

A. 莫吉托是一款经典鸡尾酒。关于它的来源有多种说法，有人说莫吉托诞生于古巴革命时期；有人说它诞生得更早，由一位海盗发明，是一种海盗饮品。共识是莫吉托来源于古巴土著使用甘蔗汁制作的烧酒，这种烧酒是朗姆酒的雏形。

B. 调制时，在长饮杯中添加较多的冰块是为了突出酒的清凉，再与薄荷进行搭配，非常适合夏季饮用，口感清爽甘醇。

C. 在莫吉托鸡尾酒中，加入柠檬汁会使这款酒的口感更加清新，加入适量的苏打水会更加突出薄荷的味道。

运动之源

中雨转小到中雨
2015年6月27日
星期六

回国后的生活紧张、丰富而忙碌，虽然我没有到任何一家单位工作，但每天却有做不完的事情：在家里举办鸡尾酒会，为给全职太太和时尚少女们开办鸡尾酒培训班做准备，在一些企业会议和庆典活动中表演调制鸡尾酒，撰写鸡尾酒品赏文化专著，为香港中国传统文化研究院“灿烂的中国文明”网站撰写《西安鼓乐》《炎黄祭典》《玄奘西行》等。老爸很开通，告诉我只要健康快乐，能自食其力，做对社会有益的事就好。

我的爸爸、妈妈让我感到幸福。小学的时候，有一次开家长会，老师让家长写一份家教心得，爸妈写的心得的开头就让老师惊讶了：

> 很多家长都盼望自己的孩子出类拔萃，望子成龙，望女成凤，我们只求孩子健康成长、开心快乐。

我们做父母的都不优秀，为什么要要求孩子优秀呢？

他们一直认为对孩子的品性教育远远比知识教育重要。爸妈告诉我，仅有书本上的知识是远远不够的，生活、社会这个大课题才是真正需要用一辈子的精力去用心学习的。从学习生活开始，到学会生活，这是一个漫长的过程，需要培养多种品质——爱心、自尊、尊重他人、坦诚、负责、感恩……我的学习成绩一般，他们只要求我认真学习，从来不指责我的考试分数，但对我无礼、任性、自私的行为却严厉得不得了，为这还挨过打呢。

今天，2 万多字的《西安鼓乐》完稿，有点儿累了，一会儿还要赶去一家中外合资企业的年会上调酒。我为自己调制了一杯运动之源鸡尾酒，干杯，为自己加油！

调制方法

A 把 4 ~ 5 块冰放入摇酒壶里。

B 将金酒、橙汁、牛奶或者奶粉、蛋黄依次倒入摇酒壶内。

C 用力摇匀至壶身出现冰霜。

D 将酒倒入鸡尾酒杯中。

E 使用分层的手法将红石榴糖浆倒入。

材料准备 金酒 30ml / 橙汁 90ml / 牛奶或者奶粉 60ml / 红石榴糖浆 15ml / 蛋黄 1 个 / 冰块 4 ~ 5 块

注意事项

A. 调这款酒时，可以使用牛奶也可以使用奶粉，如果使用奶粉，需要提前冲泡并且放凉。

B. 蛋黄必须放入摇酒壶中摇匀。

C. 红石榴糖浆的量不要太多，量太多调出的酒会太甜，口感大打折扣。

D. 饮用时需要搅拌均匀。

絮语

A. 在运动之源鸡尾酒中加入金酒，突出了酒的香味；加入橙汁，是为了给人朝气、向上、向往的感觉，让人感受到运动的魅力；加入蛋黄、牛奶，是为了让人充满活力和力量；加入红石榴糖浆，可以突出酒的色泽，提升酒的口感。

B. 运动之源鸡尾酒的特点是口感香甜，有淡淡的酒香，让人感到如同在树林间散步，不经意间闻到鲜花、树枝、青草混合的清香，享受大自然的恩赐与快乐。

新加坡司令

小雨转阴
2015年7月5日
星期日

晚饭后，从唐大明宫遗址公园吹来的风凉爽宜人，盘腿坐在飘窗上和侨居新加坡的舅舅一家在网上视频聊天，思绪不由得飞回2001年的8月，当时我踏出国门后，去的第一个国家就是新加坡。

那年我9岁，在新加坡一个月的时间里，我跟着大人们去了圣淘沙、鸟公园、植物园、新加坡大学、南洋理工学院以及牛车水等这个国家的许多地方。置身在充满梦幻的水族馆，宛如海洋生物带着我在海洋里探险；漫步在充满悦耳鸟声的鸟公园，仿佛在百鸟朝凤的世界里畅游；驻足于花香树茂的植物园，好像融入了艳丽多姿、美不胜收的自然王国，流连忘返。

回忆到愉快之处，我翻箱倒柜找出自己当年发表在新加坡《联合早报》副刊小白船栏目的文章，还有一大堆照片。

当年的我，被新加坡暴烈的阳光和食阁里印度人的抛饼养得又黑又胖。老爸取笑我说照片中黑里透红的肤色简直就像新加坡司令。新加坡司令是一款鸡尾酒，为了证明不像，我当场就调制了一杯。哼，谁笑谁呀！见过这么妩媚的司令吗？老爸，此司令非彼司令哟！

调制方法

A 把 4 ~ 5 块冰放入摇酒壶里。

B 将金酒、樱桃白兰地、柠檬汁、菠萝汁以及红石榴糖浆依次倒入摇酒壶内。

C 用力摇匀至壶身出现冰霜。

D 将酒倒入香槟杯中。

E 用樱桃和柠檬皮条装饰。

材料准备 金酒 30ml / 樱桃白兰地 30ml / 柠檬汁 30ml / 菠萝汁 30ml / 红石榴糖浆 15ml / 冰块 4 ~ 5 块 / 樱桃适量 / 柠檬皮条适量

注意事项

A. 调新加坡司令鸡尾酒时，如果想要偏酸的味道，可以把樱桃白兰地多放一些；如果想要偏甜的味道，可以把红石榴糖浆多放一点儿，但是不能太多，最多25ml，否则味道偏重，口感太腻；如果想要辣一点儿的口感，可以把金酒多放一点儿，放到60ml也可以。

B. 新加坡司令鸡尾酒是深红色，调制时，柠檬汁和菠萝汁的量不应超过樱桃白兰地的量，否则口感和视觉效果就稍差一些。

C. 调制的时候，要将所有材料一并放入，这样才能达到最好的效果。

絮语

A. 新加坡司令是一款经典鸡尾酒。很多鸡尾酒以城市命名，这款鸡尾酒也不例外，它诞生于新加坡的莱佛士酒店，这家酒店被英国著名作家毛姆赞誉为“充满异国情调的东方神秘之地”。1910年至1915年，原籍海南岛的华裔严崇文在莱佛士酒店的廊吧任调酒师的时候，应顾客的要求对金酒进行改革，创造了这款鸡尾酒。虽然时间已经过去了一个世纪，但是它经久不衰，在新加坡仍有较高的地位，新加坡航空公司所有航班的所有舱位，包括头等舱、商务舱、经济舱，都可以免费品尝到这款历史悠久的鸡尾酒。

B. “司令”是英文“Sling”的音译。“Sling”是长饮鸡尾酒调制方法中的一种，调制方法是：以烈性酒为基酒，加入柠檬汁等果汁，最后加入苏打水摇和而成。

C. 新加坡司令用口感清爽且带有辣味的金酒与清香的樱桃白兰地搭配，突出了视觉效果。适合四季饮用，可以让人感受到热情、温馨、舒畅。

夏日绿意

晴
2015年7月11日
星期六

我已经回国一年了，老爸的新西兰情结反而更深了。比如今天，他突然冒出一句："奥克兰这个时候应该是冬天了。"实际上，我回来之后，那个太平洋上的岛国在生活上已经与他毫无关系了。

此时此刻，我想得更多的是西安。时值盛夏，西安酷热，火辣辣的太阳照着大地。郁郁葱葱的树木直挺挺地站着，犹如岗哨卫兵，为夏天增光添彩，令人心动神往。老爸写了一首诗《夏日风景》，诗中第一句"夏天，最美的风景 / 是肉"，让很多人捂着嘴笑。老妈给的评语是："思无邪，每言皆可入诗。"

诗是这样写的：

夏天，最美的风景
是肉

黝黑的皮肤
棕铜的皮肤
像瓷器一样洁白细腻的皮肤
经过秋天、冬天和春天的束缚
在这个自由的季节里
争相绽放

夏天，最美的风景
是肉，人们
从来不敢承认这一点
假装不经意偷瞥这一点
养眼悦心，却羞于谈论这一点
缤纷的时装一代代推陈出新
在闹市，在沙滩，甚至飘香的麦地
服装在夏天从来都是配角

夏天，最美的风景
是肉
甚至不仅仅是皮肤
还有皮肤下澎湃的血
柔韧的肌
以及健康与生命的活力
这些都与阳光和空气亲密接触
人，在夏天分外骄傲

夏天，最美的风景

是肉，众目睽睽下
这一切与出身无关
与财富无关
与权力无关
古人说
丝不如竹，竹不如肉
在人类眼里
人与生俱来的东西
也是看上去最美的东西

为了和老爸互动，共同纪念我回国后的第一个夏季，我创制了夏日绿意这款鸡尾酒，希望我的夏日绿意就此登上中国鸡尾酒的大雅之堂。

调制方法

A 把 6 ~ 8 块冰放入摇酒壶里。

B 将伏特加、朗姆酒、金酒、君度激醇、绿薄荷利口酒、柠檬汁、猕猴桃汁依次倒入摇酒壶内。

C 用力摇匀至壶身出现冰霜。

D 将酒倒入鸡尾酒杯中。

材料准备 伏特加 30ml / 朗姆酒 30ml / 金酒 30ml / 君度激醇 15ml / 绿薄荷利口酒 30ml / 柠檬汁 30ml / 猕猴桃汁 30ml / 冰块 6 ~ 8 块

注意事项

A. 调制夏日绿意鸡尾酒时，需要放入 6 ~ 8 块冰，因为这款鸡尾酒的特点之一是冰凉。

B. 在这款鸡尾酒中，君度激醇的含量不能与伏特加、朗姆酒和金酒的用量相同，要稍微少一点，以免酒的口感过辣。

C. 绿薄荷利口酒的量应该与猕猴桃汁的量相同，这样能使鸡尾酒的颜色呈绿色，让人觉得更清凉。

絮语

A. 夏日绿意鸡尾酒是我自创的酒。

B. 这款鸡尾酒使用了伏特加和金酒，使鸡尾酒的口感很清爽；加入了绿薄荷利口酒和猕猴桃汁，使鸡尾酒呈现夏日里象征着勃勃生机与希望的绿色，这清新、环保的颜色更吸引人们的眼球；加入了君度激醇，使鸡尾酒的口感甘醇，香味扑鼻。

罗布·罗伊

小雨转多云
2015年7月22日
星期三

去年的今天，我独自在奥克兰皇后大街一间当地著名的酒吧里品酒，那天我点的是一杯古典鸡尾酒。

余晖把窗子染成了暖暖的橘红色，我坐在吧台边的椅子上一边品酒，一边跟调酒师攀谈。满头银发的老调酒师告诉我，他调制的这款鸡尾酒中，基酒用的是朗姆酒，其他材料有柠檬汁和苦精，最后将一片柠檬放入杯中做装饰。这杯酒的口感辣中带苦，非常奇妙。回到住处，我就想：苦精酒在酒吧很常见，一般家里不常用，我为何不用苦味酒调制一杯鸡尾酒呢？

今天我就在古城西安的家中，用我想的方法调制了一杯罗布·罗伊鸡尾酒，喝起来味道不错。我高举酒杯向南半球那位老调酒师致敬，眼前浮现出他拿出一个古典杯，在古典杯中加入冰块，用量酒器量放黑色朗姆酒、适量的柠檬汁以及苦精的动作，那么娴熟优雅，又恰到好处，如行云流水一般，行于所当行，止于所不可不止。调酒与做人一样，都是在“行”“止”之间自我完善。

调制方法

A 把 6 ~ 8 块冰放入混酒杯里。

B 将威士忌、甜味美思和苦味酒依次倒入混酒杯内。

C 用搅拌匙的背面沿着杯壁缓缓地搅拌。

D 使用滤冰器将酒倒入古典杯中。

E 把红樱桃放入古典杯中。

材料准备　威士忌 60ml / 甜味美思 60ml / 苦味酒 30ml / 冰块 6 ~ 8 块 / 红樱桃 1 颗

注意事项

A. 在调制苦味鸡尾酒时，需要控制苦味酒的量，不宜太少，但也不能过多。

B. 甜味美思的量要比苦味酒的量多，这样苦甜结合，才更适合东方人的喜好。

C. 可以选用金巴利苦味酒代替苦精。

絮语

A. 罗布·罗伊鸡尾酒是由华尔道夫酒店的调酒师在1894年创作的，它诞生的那天晚上，剧院在上映同名的歌剧。

B. “罗布·罗伊”是传说中18世纪苏格兰罗宾汉的绰号，作家沃尔特斯科特收集并整理了他的传说，创作出了小说《罗布·罗伊》，后来又有人将它改编成了同名电影。“罗伊”出自苏格兰北部和西部山区的盖尔语，意思是“红色”。电影名“罗布·罗伊”在中国被翻译为“赤胆豪情”。

C. 在罗布·罗伊鸡尾酒中，略带苦味的苦味酒与焦香馥郁的威士忌、甜润可口的甜味美思结合在一起，突出了酒的口感和色泽，味道醇厚、辣中带苦，芳香宜人。

绿魔

多云
2015年8月1日
星期六

老爸最喜欢喝的一款鸡尾酒名叫“绿魔”。我调制一杯绿魔鸡尾酒，往往要加入6～8块冰，还要加入绿薄荷利口酒以及柠檬汁。每当有朋友来喝酒，老爸总是提议，来杯绿魔吧。他们喝完，无一例外都赞赏：爽，太爽了！郑伯伯一次喝完后，发表喝酒感言：“我的感觉，三个字——爽！两个字——真爽！一个字——太爽了！”哈哈，三句话，故意都说错，因此许多第一次跟他见面的人就记住了他。

晚上我们聊起郑伯伯的三个“爽”字，不约而同想到了那篇著名的散文《绿》。绿的魔力，在朱自清先生笔下如此出神入化：

这平铺着，厚积着的绿，着实可爱。她松松的皱缬着，像少妇拖着的裙幅；她轻轻的摆弄着，像跳动的初恋的处女的心；她滑滑的明亮着，像涂了

> “明油”一般，有鸡蛋清那样软，那样嫩，令人想着所曾触过的最嫩的皮肤；她又不杂些儿尘滓，宛然一块温润的碧玉，只清清的一色——但你却看不透她！……那醉人的绿呀！我若能裁你以为带，我将赠给那轻盈的舞女；她必能临风飘举了。我若能挹你以为眼，我将赠给那善歌的盲妹；她必明眸善睐了。我舍不得你；我怎舍得你呢？我用手拍着你，抚摩着你，如同一个十二三岁的小姑娘。我又掬你入口，便是吻着她了。我送你一个名字，我从此叫你“女儿绿”，好么？

陶醉！轻吻一口绿魔。呀！入口时的清凉立刻传遍全身，它可不只是小姑娘般温婉可人，还带有《蜘蛛侠》中小绿魔的法力呢！

调制方法

A 把 6 ~ 8 块冰块放入摇酒壶里。

B 将金酒、绿薄荷利口酒以及柠檬汁依次倒入摇酒壶内。

C 用力摇匀至壶身出现冰霜。

D 将酒倒入鸡尾酒杯中。

材料准备 金酒 30ml / 绿薄荷利口酒 30ml / 柠檬汁 60ml
冰块 6 ~ 8 块

注意事项

A. 调制绿魔鸡尾酒时，加入6 ~ 8块冰是为了提升冰爽的感觉。
B. 绿魔属于短饮鸡尾酒，饮用的时候要一饮而尽，如果时间过长，酒就会变温，影响口感。
C. 调制绿魔鸡尾酒时，柠檬汁也可以放到90ml，这样可以降低酒精的浓度。

絮语

A. 绿魔鸡尾酒的颜色是深绿色，像葱葱郁郁的森林一般。调制时，加入绿薄荷利口酒，突出了酒的甘醇与利口；加入6 ~ 8块冰，突出了酒的冰爽口感，非常适合在炎热的夏季饮用；加入柠檬汁，可以降低酒的酒精度数，提升酒的口味。
B. 绿魔鸡尾酒的特点是香味宜人、冰爽畅快。

蒲公英

阴转多云
2015 年 8 月 19 日
星期三

今天去姥姥家，在客厅看电视的时候，突然看见橱柜上面摆放了几本相册。我出于好奇就开始翻看，里面有一些发黄的老照片。这时，姥姥走了过来，说：“水儿，在看老照片呢！”

我说：“是啊！这些人是谁啊？”

姥姥说：“你妈妈呀！小时候长得圆嘟嘟的，多可爱啊！这一张是在吹蒲公英。”

“蒲公英是用来吹的？”

“不懂了吧，那时候我们的厂子在山区，漫山遍野都是蒲公英，开花后，结成毛茸茸的小球，采下来，放在嘴前一吹，像天女散花，是那个年代孩子的娱乐。”

接下来，我看了舅舅小时候的照片，甚至姥姥、姥爷小时候的照片。

回到家，跟妈妈说起她吹蒲公英的照片，妈妈的脸上泛起了回忆美好时光的喜悦之情。她说小时候每当举着蒲公英绒球高高地吹向天空，看着可爱的小羽毛轻柔飘缓地越飞越远、越飞越高，心里的快乐真是无法形容。我们还会随手摘几朵黄艳艳的小花插到耳边的头发上臭美呢！还有一首我小时候最爱唱的蒲公英的歌，我唱给你听吧：

我是一颗蒲公英的种子
谁也不知道我的快乐和悲伤
爸爸　妈妈给我一把小伞
让我在广阔的天地间飘荡　飘荡
小伞儿带着我飞翔　飞翔　飞翔

笑意写在脸上，哼着一曲儿歌，任思绪随着蒲公英飞扬，看着今晚沉浸在童年美好回忆里的老妈，我调制了一杯名为蒲公英的鸡尾酒，逗老妈：“您的蒲公英是用来吹的，我的蒲公英是用来喝的。”

调制方法

A 把 4 ~ 5 块冰放入摇酒壶里。

B 将爱尔兰威士忌、加利安奴利口酒、荔枝利口酒和柠檬汁依次倒入摇酒壶内。

C 用力摇匀至壶身出现冰霜。

D 将酒倒入鸡尾酒杯中。

材料准备 爱尔兰威士忌 30ml / 加利安奴利口酒 30ml / 柠檬汁 30ml / 荔枝利口酒 30ml / 冰块 4 ~ 5 块

注意事项

A. 调制蒲公英鸡尾酒时，可以选用苏格兰威士忌，也可以选用爱尔兰威士忌，但用量不能多于 30ml，否则色泽过深，影响视觉效果。

B. 调制时，加利安奴利口酒的量不能比荔枝利口酒的量多，这是为了避免酒中草药的气味过于浓烈。

C. 为了解决一些人不习惯味道太辣或者草药的味道过于浓烈的鸡尾酒，可以把荔枝利口酒的用量增加到 60ml, 这样口味会更舒适一些。

絮语

蒲公英是一种药用植物，花语是“无法停留的爱情”，让人不禁联想起“一抹淡淡的色彩，遮不住浓浓执着的情怀；缓缓飘飞的羽盾，阻不了切切传达的怜爱”的浪漫语句。品尝蒲公英鸡尾酒，也许会使你想起那路边的蒲公英，随手摘几朵小花插到草帽上或鬓发间，它既寄寓着人们童年时期的天真快乐，又激发着人们的对未来的无限遐想。

罗斯王朝

中雨
2015年9月3日
星期四

今天参观宝鸡青铜器博物馆，我和老妈都被震惊了——青铜器当年的颜色不是铜锈绿色，而是金灿灿的！

博物馆里收藏了1000多件庄重典美、凝重静谧的青铜器，数量之众，精品之多，铭文之重要，目前堪称中国第一啊！镇馆之宝何尊，是被国家文物局认定不得出国展览的国宝重器，尊内铭文里有“中国”二字最早的文字记载。周厉王专用的胡簋，因为是西周唯一的王器，也被称为“王簋”。又被称为“簋王”，因为它是目前出土的簋中器型最大的。

宝鸡市在西安西边，驾车要两个多小时，但是我们坐动车40分钟就到了。宝鸡市是华夏始祖炎帝的故乡，也是周秦王朝的发祥地，被誉为“青铜器之乡”，有著名的法门寺、炎帝陵，还出产香型独树一帜的中国名酒西凤酒。

老妈建议我发明一款有青铜器感觉的鸡尾酒，我知道中国现存最早的酒是一坛西汉美酒，前几年出土时呈绿色。至于青铜器的感觉，我还真是把握不准。

不过，回到家后，我还是为老妈调制了一款名为罗斯王朝的鸡尾酒，这款酒也呈金色，高贵华丽，芬芳宜人。

老妈当晚写了一段文字来赞美罗斯王朝：

> 琥珀——虎魄。生于木，藏于土，汲取千万年天地精华终成时光的灵秀。
>
> 琥珀色的罗斯王朝，将一个虎之气魂的王朝精炼为醉人的芬芳，一个字：香！两个字：很香！三个字：非常香！这次第怎一个“香”字了得！

一位阿姨回赞说：“美酒被赋予诗意，又怎一个‘香’字了得！”

调制方法

A 把 4 ~ 5 块冰放入摇酒壶里。

B 将白兰地、香蕉利口酒和棕可可利口酒依次倒入摇酒壶内。

C 用力摇匀至壶身出现冰霜。

D 将酒倒入香槟杯中。

材料准备 白兰地 30ml / 香蕉利口酒 30ml / 棕可可利口酒 30ml
冰块 4 ~ 5 块冰

注意事项

A. 调制时，因为这款酒不用加入果汁，所以把白兰地、香蕉利口酒和棕可可利口酒这三种材料按照标准量放入摇匀就行了。

B. 罗斯王朝鸡尾酒用白兰地作基酒，可以更好地突出酒的香味。

絮语

A. 罗斯王朝鸡尾酒曾在20世纪60年代英国举办的鸡尾酒大赛上入选。

B. 白兰地与香蕉利口酒、棕可可利口酒等量搭配，为鸡尾酒奏出了美妙的新曲。做法虽然简单，但是味道却深沉浓郁，香味宜人，让人品尝后恋恋不舍。这款酒香气特别，很适合女性饮用。

C. 明朝医药学家李时珍在《本草纲目》中记载：葡萄酒有两种，一种是葡萄酿成酒，另外一种是葡萄烧酒。所谓的葡萄烧酒，就是最早的白兰地。《本草纲目》中还写道：葡萄烧酒是将葡萄发酵后，用甑蒸之，以器承其露。这种方法最早在高昌开始使用，高昌在现在的新疆吐鲁番，唐军攻破高昌后，该法流传到了中原地区，这说明在1000多年前的唐朝，我国就用葡萄发酵蒸馏白兰地。英国著名学者李约瑟认为，世界上最早发明白兰地的是中国人。

长岛冰茶

我仰望月亮

穿过无雨的雨巷

独坐春山

告别霓虹栉次的夜场

就这么一个人

呼吸寂静

畅想辽阔

我仰望月亮

不去叩问桂宫的嫦娥

不去想象李白花间的那壶酒

也不去找周边的人倾诉衷肠

我相信

月亮照到的某个地方

也一定有人望着月亮想起我

大海，城市以及大漠深处的地方

不知你在哪里

但知因为有你

我才有了举头仰望的向往

我仰望月亮

饮柔柔流淌的光

心里盛满，有你的地方

这是老爸的一首名为《望月》的诗，我分享到微信朋友圈后，朋友们纷纷点赞，芳芳甚至约我长聊。

芳芳是我的小学同学，男朋友一年前去了美国纽约，让她思念至极。因为两人分别的时间太长，话题越来越少。没想到因为这首诗，两人重新聊得热火朝天，后来双方都称对方为“望月人”。我听了想笑，努力忍住了。都说热恋中的人智商低，因为时差，西安和纽约的白天、黑夜并不同步，能望见什么呀！

整整一个下午，她都在向一个没有恋爱经历的人倾诉对男朋友的思念，最后我只好说：“给你调制一杯长岛冰茶鸡尾酒吧。长岛就在纽约州，离纽约市区也不远。”

调制方法

A 把 6 ~ 8 块冰放入长饮杯里。

B 用量酒器将金酒、朗姆酒、伏特加、龙舌兰酒、柠檬汁、君度、白砂糖倒入长饮杯内。

C 加入可乐注满。

D 用搅拌匙的背面沿着杯壁缓缓搅拌。

材料准备 金酒 15ml / 朗姆酒 15ml / 伏特加 15ml / 龙舌兰酒 15ml / 柠檬汁 30ml / 君度 5ml / 白砂糖 2 茶勺 / 可乐适量 / 冰块 6 ~ 8 块

注意事项

A. 长岛冰茶鸡尾酒中有四种基酒，所以每一种基酒的用量不要太多，放到标准量即可。

B. 在调制这款酒的时候，不要加入红茶，色泽由可乐衬托出来。可乐最后放入，注满长饮杯即可。

C. 白砂糖可以在超市买，用之前先将糖放到碗里，需要的时候用勺子舀，小心地撒进去。

絮语

A. 长岛冰茶是一款经典鸡尾酒。这款鸡尾酒起源于长岛，在1972年，由长岛橡树滩客栈的调酒师发明了以4种基酒混合的饮料而成名。美国禁酒令期间在纽约州的长岛推广开来，而后在日本快速传播。

B. 长岛冰茶中有4种基酒，突出了酒的口味，再加上君度和柠檬汁，使这款酒的口感辣中带酸，饮用时会让人感受到酒在自己的胃中翻滚，如同过山车一般。另外，加入可乐体现出红茶的感觉，真是独特啊！

丁香姑娘

一场秋雨一场寒。屋外下着雨，气候潮湿，略显萧瑟，室内家庭酒会却暖意融融。李阿姨今天穿着一件淡紫色的薄毛衣，显得人很安静、很柔和，举手投足透着优雅的怀旧气质。我说："这次给您调制一杯我自创的鸡尾酒吧，它的名字叫丁香姑娘。"

这款酒创制于丁香盛开的季节，紫色丁香花开得十分灿烂，香气氤氲，甜甜腻腻的，仿佛把所有人都包裹进去。那时，我和爸爸漫步在小区的林木间、草地上，回忆童年时他教我背诵的戴望舒那首著名的《雨巷》：

撑着油纸伞　独自
彷徨在悠长　悠长
又寂寥的雨巷

我希望逢着
一个丁香一样地
结着愁怨的姑娘

我们一起背诵着，那个妩媚动人，有着丁香一样颜色、丁香一样的芬芳的姑娘宛如走在眼前。我说：“今天我要创制一杯鸡尾酒，酒名就叫‘丁香姑娘’。”爸爸说：“色彩、口感、情调都要契合戴望舒的《雨巷》啊！”

此刻，李阿姨静静地，小口、仔细品味着丁香姑娘，脸上泛起了浅浅的红晕，我开心极了，她在回想她羞涩的少女时代吗，还是在心中吟诵戴望舒的诗歌？

谁曾为我束起许多花枝，
灿烂过又憔悴了的花枝，
谁曾为我穿起许多泪珠，
又倾落到梦里去的泪珠？
…………
我的梦和我的遗忘中的人，
哦，受过我暗自祝福的人，
终日有意地灌溉着蔷薇，
我却无心地让寂寞的兰花愁谢。

调制方法

A 把 4 ~ 5 块冰放入摇酒壶里。

B 将伏特加、樱桃白兰地、菠萝汁、柠檬汁、牛奶以及黑加仑糖浆依次倒入摇酒壶内。

C 用力摇匀至壶身出现冰霜。

D 将酒倒入鸡尾酒杯中。

材料准备 伏特加 30ml / 樱桃白兰地 30ml / 菠萝汁 30ml / 柠檬汁 30ml / 牛奶 30ml / 黑加仑糖浆 30ml / 冰块 4 ~ 5 块

注意事项

A. 调制丁香姑娘鸡尾酒时，牛奶可以多放一些，这样可以更好地突出姑娘的娇柔。

B. 丁香姑娘鸡尾酒中使用了菠萝汁，会提升酒的口感。

C. 饮用时，用搅拌匙搅拌。

A. 丁香姑娘鸡尾酒是我自创的。

B. 饮用丁香姑娘鸡尾酒时，感觉应该是细腻、轻柔的，这才符合诗中丁香姑娘的气质。为了展现这一点，调制时除了使用基酒，还加入了牛奶，以便给人带来淡淡的甜香的感觉；再加入菠萝汁和柠檬汁，以便让人感到酒的口感很柔和，易入口。

C. 经过200多年的发展之后，现代鸡尾酒花样繁多，调法各异。由各种各样的烈性酒、利口酒、果汁、牛奶、奶油混合在一起，经过合理搭配调制出来的各种美味的鸡尾酒，能给人带来味蕾与精神上的双重享受。品尝鸡尾酒时，味蕾需要充分扩张，才能感受到各个层次的味道。当然，这也是考验调酒师功力的时候。如果口味过甜、过苦或过香，会降低酒的品质，影响酒的口感，此为调制鸡尾酒之大忌。

金斯敦

小雨转阴
2015年10月6日
星期二

今天，到一家外国人在西安开的超市买洋酒，由于大意，买了一瓶黑朗姆酒，心中有些闷闷不乐，因为我本来想买白朗姆酒，以便调制一杯蓝色夏威夷来招待刚从夏威夷旅游归来的许老师。

许老师是我中学时的地理老师，我出国留学后，我们一直保持着联系。因为我去过的地方多，她给我讲地理的热情比上学时更加高涨。她一进门，就看见了我刚买的那瓶黑朗姆酒，又看了一下产地，产自牙买加，她高兴极了，说：“我计划明年去加勒比海，会去牙买加，你真是跟我太心有灵犀了。”

我一下子转烦为乐，高高兴兴地调制了一杯金斯敦鸡尾酒，因为金斯敦是牙买加的首都。

喝着酒，我告诉许老师我刚才还在遗憾。她一本正经地告诉我：“学地理的人，永远对将要去的地方更感兴趣。”

晚上，我把给许老师调酒的事讲给爸妈听。老妈数落我："粗心大意是一错，再有了坏情绪，那是错上加错！小时候让你看的《波丽安娜》白看了。"老爸宠我，问我："乐乖，还记得今年大年初二吗？"老爸一问，我想起来了，大年初二我们去姥姥家拜年，陕西的风俗是大年初二女儿回娘家。外面下着雨夹雪，公交车上挤满了人，车窗布满水雾，看不到外面的风景，被封闭在拥挤狭小的空间里，感到非常郁闷！可是，车上的人怎么看到同一个位置时都会绽放笑意呢？我扭头一看，原来一块满是水雾的车窗被当作画板，有人在上面画了一个笑脸，拥挤中不忘愉悦，自己快乐，也让他人快乐。

到了姥姥家，按响门铃，门开了，欢快的葫芦丝曲翩然而至，姥爷、姥姥吹着葫芦丝，站在门口的过道两边迎接我们呢。新年好快乐啊！

调制方法

A 把 4 ~ 5 块冰块放入摇酒壶里。

B 将黑朗姆酒、君度、柠檬汁以及红石榴糖浆依次倒入摇酒壶内。

C 用力摇匀至壶身出现冰霜。

D 将酒倒入鸡尾酒杯中。

材料准备 黑朗姆酒 30ml / 君度 30ml / 柠檬汁 30ml / 红石榴糖浆 15ml / 冰块 4 ~ 5 块

注意事项

A. 黑朗姆酒的颜色偏深，调制时不要放得过多。

B. 和红粉佳人不同，调制金斯顿鸡尾酒时应将红石榴糖浆放入摇酒壶里摇匀。

絮语

A. 金斯敦是“国王之域”的意思。它位于加勒比海地区，是牙买加的首都。牙买加是朗姆酒的产地，诞生了这款以朗姆酒作基酒、以金斯敦命名的鸡尾酒。金斯敦还诞生了一款举世闻名的饮品蓝山咖啡。金斯敦市北的蓝山是蓝山咖啡的产地，景色优美，是世界咖啡爱好者心中的圣地。

B. 金斯敦鸡尾酒以口感浓郁的黑朗姆酒为基酒，辅料是有着柑橘风情的君度，还有柠檬汁和红石榴糖浆，味道纯正芳香，口感舒适独特。

优美旋律

美丽优雅的动作总会让人难以忘怀，婀娜多姿的舞姿总会让人感到赏心悦目，瞬息万变的转换总会让人拍手称绝——这就是舞蹈，它美得那么精致、纯粹。

我到新西兰留学后，老妈开始学跳舞，因为她认为人的精力有限，每一个阶段有每一个阶段的重点。以前她围着我转，现在需要把身体锻炼好了。她有比较严重的腰椎间盘突出症，每年都会犯一两次，发病的时候走路直不起腰，躺在床上则剧痛，难以翻身，最让她不能忍受的是觉得自己变成了废人，需要别人照顾，干不了活，做不了事。

老妈跳的舞不是广场舞，而是真正意义上的舞蹈，是需要练习基本功，训练基本站姿，举手投足都有专业要求的那种。她一学跳舞，就逐渐进入了认真、执着的状态。上课用心学，下课用心练，仔细揣摩动作要领，走路、做饭、看电视、坐公交都是她练习的时间。

今天，她们健身中心汇报演出，我很不情愿地客串一回观众，但结果却大大出乎我的意料。当我看到老妈跳舞时全神贯注的样子，展现出的优美舞姿，真是一种美的享受，令人陶醉。这和平时在家，她一遍又一遍地让我帮她矫正动作，简单、乏味的重复大不一样了。看来，任何一件完美的作品，都是无数个平淡甚至无聊的碎片构建成的。下次老妈在家让我帮她看动作时，我再也不会不耐烦了。

此刻，我想起了老妈常给我说的话："跳舞不仅治好了腰病，更让我遇见了更美的自己。要勇于尝试，不尝试不知道自己的潜力有多少，还要尽心尽力，不尽心尽力不知道自己的潜能有多大。对自己所从事的事情要全部投入，才会达到更高、更远的境界。"

我爱老妈，希望她健康快乐！回到家，我创制了一款鸡尾酒，并以"优美旋律"命名，我觉得它是我孝敬老妈的最好礼物。

调制方法

A 把 4 ~ 5 块冰放入摇酒壶里。

B 将金酒、龙舌兰酒、柠檬汁、桃子利口酒、樱桃利口酒以及红石榴糖浆依次倒入摇酒壶内。

C 用力摇匀至壶身出现冰霜。

D 将酒倒入鸡尾酒杯中。

材料准备 金酒 30ml / 龙舌兰酒 30ml / 柠檬汁 30ml / 桃子利口酒 60ml / 樱桃利口酒 30ml / 红石榴糖浆 15ml / 冰块 4 ~ 5 块

注意事项

A. 对于优美旋律这款鸡尾酒，需要体现柔美、优雅、庄重、快乐的感觉，所以酒精度数不应该过高。

B. 调制时，红石榴糖浆不应该放得太多，否则颜色会过红或者口感过甜，这都偏离了原来的创意。

C. 加入桃子利口酒是为了产生雅致的感觉。

絮语

A. 优美旋律鸡尾酒是我自创的酒。

B. 在优美旋律鸡尾酒中，以龙舌兰和金酒为基酒，是为了给人带来激情、飞扬、欢乐的感觉；选用樱桃利口酒和红石榴糖浆，意在营造橘红色、浪漫的感觉，体现舞者的妩媚与迷人；加入桃子利口酒，是为了营造优雅与娴熟的氛围，同时也突出了芬芳的香气；加入柠檬汁是为了以它的酸味来表现舞蹈动作的优雅、柔美。这样，以鸡尾酒来展现舞蹈的魅力，我觉得特别适合，和谐、雅韵、飘逸、喜乐，一句话——美哉美哉！

佛罗里达

多云
2015年10月27日
星期二

今天是罗伯特先生的生日，我调制了一杯名为“佛罗里达”的鸡尾酒，遥祝他生日快乐！罗伯特先生是美国人，早年生活在佛罗里达州，后来因为爱上了新西兰的宁静安逸，就留在了奥克兰，再后来就成了我的老师。

罗伯特先生身材高大，开朗幽默，并没有教我调酒，而是教西厨西点。当时，我准备从西餐、西点到酒文化一条龙全部学一遍。那时我像刚出笼的小鸟一样，无所顾忌，甚至可说是肆无忌惮。在厨房时，同学们切菜，我照相；同学们做饭，我挥舞餐刀表演中国武术，闹得太不像话。一个学期下来，罗伯特先生决定将我劝退，劝我改学更适合我性格的酒店管理专业。

老妈当时非常紧张，打越洋电话询问学校，罗伯特先生的解释是我 too happy,too active,too outgoing。老爸说，连西方人都说她太快乐，太活跃，太外向，可见乐乐在学校闹腾成什么样！

后来我才知道，罗伯特先生的决定主要是考虑到安全问题，当时我的安全意识实在是太差了。当然，也感谢他的宽厚，即便说“不”，他的解释也是令人感到美好开心的。

调制方法

A 把4～5块冰块放入摇酒壶里。

B 将金酒、橙汁、樱桃白兰地、君度和柠檬汁依次倒入摇酒壶内。

C 用力摇匀至壶身出现冰霜。

D 将酒倒入鸡尾酒杯中。

材料准备 金酒30ml / 橙汁60ml / 樱桃白兰地30ml / 君度30ml / 柠檬汁30ml / 冰块4～5块

注意事项

A. 调制时，橙汁应该多放一些，因为需要通过橙汁的味道与颜色来调动饮用者的心情。

B. 樱桃白兰地的用量不应太多，否则口感会太酸。

C. 放入少量的君度可以衬托口感。

絮语

A. 佛罗里达鸡尾酒充满了橙子风情，加入橙汁会遮盖金酒的辛辣味，口感甜润，清香怡人。另外，橙汁中丰富的水分，令人回味无穷的同时，也会让人的精神倍儿爽，就像一缕春风吹来。在这款酒中，加入樱桃白兰地可以让人感受到浓郁的热带风情；加入君度，可以给人清风送爽的感觉。

B. “佛罗里达”源于西班牙语，意为“鲜花盛开的地方”。佛罗里达州是美国东南部的一个州，位于东南海岸突出的半岛上，这里有充足的阳光，并且盛产果橙，被称为“阳光州”。

紫色激情

西安是 11 月 15 日才开始供暖的。一年中最冷、最难过的时间，往往不是数九寒冬，而是供暖前的这段时间，室内比屋外还冷。今天下午给学员们讲课，讲得少，摇得多。应她们要求，竟一口气调制了十几杯鸡尾酒。不锈钢的摇酒器因为一次又一次加入大量的冰块而一次又一次结霜，最后冻得几乎黏在手上，手也冻得紫红紫红的。

调好一杯叫作“紫色激情”的鸡尾酒后，心直口快的程妞妞突然叫一声：“你们看，老师的手也变成了紫色激情！”英英姐等其他学员都围拢过来，一边不停地给我暖手，一边不停地瞪程妞妞，吓得她直吐舌头。

我急忙说："没事，没事！"我在新西兰的时候，每次比这调得更多，旁边还有制冰机永远冒着寒气。

老爸说："每一个美好的事物背后，都有人们无法想象的艰辛付出。"这个道理，我懂。

调制方法

A 把 4 ~ 5 块冰放入摇酒壶里。

B 将伏特加、葡萄汁、西柚汁依次倒入摇酒壶内。

C 用力摇匀至壶身出现冰霜。

D 将酒倒入鸡尾酒杯中。

材料准备 伏特加 60ml / 葡萄汁 60ml / 西柚汁 60ml / 冰块 4 ~ 5 块

注意事项

A. 紫色激情鸡尾酒应该选用伏特加作为基酒，因为伏特加口感偏辣，可以更好地显现出清爽的口感。大多数伏特加度数是 40 度左右，品饮者易于接受。

B. 为了增强色彩效果，使其更加鲜亮，可以把葡萄汁多放一些。但是西柚汁不能再多放了，放多了就会过酸。

絮语

A. 这款酒中使用有火焰一般辣味口感的无色伏特加作基酒，所以让人感觉很刺激。又因为加入的果汁中带有一丝酸味，使得口感非常协调。

B. 这款鸡尾酒呈紫色，代表着高贵、神秘，充满了浪漫的情调。紫色所特有的神秘氛围，给人无限的遐想与回味。品尝此酒，给人莫大的快感与美的享受。

亚历山大姐妹

多云转小雨
2015 年 11 月 14 日
星期六

调制鸡尾酒这么多年，我一直认为冰是鸡尾酒的灵魂，就像陆文夫在《美食家》中写盐对厨师的重要性一样：“好厨师，一把盐。”在新西兰的那些年，绝大多数外国人对加冰的东西感兴趣。所以，虽然调制过许多次热饮鸡尾酒，但一直唤不起我的激情，总认为是小儿科。

今天是西安今年入冬以来最冷的一天，尽管晚上老爸反复要求，我还是对调制热饮鸡尾酒提不起兴趣。老爸后来干脆不再提调酒的事，和我聊起我最爱看的《三国演义》：青梅煮酒论英雄、关羽温酒斩华雄……聊着聊着，我突然想到：“对呀，也许中国人喜欢喝热酒呢！”

兴趣提起来了，行动就很快。我利用桌上白天未喝完的牛奶，转眼间就调制了一款热饮鸡尾酒——亚历山大姐妹，名字听起来也和英雄、美人沾边。成功！口感非常舒适，很适合在寒冷的冬天享用。

调制方法

A 将金酒、绿薄荷利口酒依次倒入摇酒壶内。

B 用力摇匀。

C 将酒倒入鸡尾酒杯中。

D 加入滚烫的牛奶。

材料准备 金酒 30ml / 绿薄荷利口酒 30ml / 热牛奶 60ml

注意事项

A. 亚历山大姐妹是热饮鸡尾酒，不需要加入冰块。

B. 加入牛奶的时候，一定要确保牛奶是滚烫的。牛奶可以盛放在一个有把的小壶里，防止烫伤。加入牛奶时，直接倒入，不采用分层手法。

C. 饮用时可以用搅拌匙搅拌。

絮语

A. 亚历山大姐妹鸡尾酒是亚历山大鸡尾酒的姊妹版，后者是经典酒，前者是创新酒，调制时都需要加入牛奶，也许发明者对亚历山大情有独钟，所以两款酒的名字里都有“亚历山大”。

B. 亚历山大姐妹鸡尾酒是一款热饮鸡尾酒，常给人一种温馨、喜悦、欢快之感。辛辣的金酒和有刺激性的绿薄荷利口酒很好地被牛奶包住了，口味得到了中和，口感舒适，气味芳香。

C. 金酒是鸡尾酒中用得最多的基酒，且主要使用品质细腻、口感甘醇的英式金酒。英式金酒清澈透亮，有一种奇特的香味，口感清醇舒服，既可以单饮，也可以与其他材料搭配作为鸡尾酒的基酒，非常受世人喜欢。金酒可以与利口酒、果汁搭配在一起，调制出很多款香气怡人、口感舒适的经典鸡尾酒，例如红粉佳人、新加坡司令、马提尼等。

肯辛顿法院

晴
2015年11月23日
星期一

在泰国旅游，同旅行团里的团友们相处得非常融洽。其中，在法院工作的唐女士与我聊得特别愉快，今天傍晚我们去了唐人街。

曼谷的唐人街，论规模和繁华，在东南亚各地的唐人街中堪称魁首。长约2千米的街道两边，酒店、金店、酒吧、超市、百货商店、工艺品店等上千家各种各样的店铺鳞次栉比，还点缀着星罗棋布的新鲜水果、鲜榨果汁、当地小吃的摊位，白天在阳光丽日下令人目不暇接，夜晚的霓虹灯在闪烁中透露出繁华的景象。这里的美食不计其数，燕窝和咖喱是泰式美食中的极品。

我开玩笑说："现在到你们老唐家的街，这里主打两个字，一个是'吃'，一个是'喝'。咱们先尝尝他们的特色美食椰汁燕窝和咖喱炒蟹。等一会儿去酒吧，还能喝到你们单位的酒呢！”唐女士自然不信，说：“好，谁输谁请客。”

我俩进了一家华人开的酒吧，迫不及待地与调酒师攀谈：“有什么酒？”

调酒师说：“玛格丽特、大都会、新加坡司令……”

“还有呢？”

调酒师得意地卖弄：“白俄罗斯、黑俄罗斯、伯爵夫人、莫吉托……”

我有些着急，她有点得意，不能由着他这么说下去了，我立刻直奔主题地问调酒师：“这位女士是位法官，给她什么相关的酒好呢？”

调酒师想都不想，嘴里跳出五个字：“肯辛顿法院。”

“对，来两杯！”这一刻，我自己都觉得说得十分豪爽。

虽然赢了一杯鸡尾酒，不过老实说，没有我调得好喝。

调制方法

A 将 4 ~ 5 块冰放入摇酒壶里。

B 将威士忌、白兰地、百香果汁、橙汁和柠檬汁依次倒入摇酒壶内。

C 用力摇匀至壶身出现冰霜。

D 将酒倒入鸡尾酒杯中。

材料准备 威士忌 30ml / 白兰地 30ml / 百香果汁 30ml/ 橙汁 30ml / 柠檬汁 30ml / 冰块 4 ~ 5 块

注意事项

肯辛顿法院鸡尾酒使用了两种基酒，用量相同；果汁的用量是基酒用量的一半。

絮语

A. 肯辛顿法院鸡尾酒是英国著名调酒师乔·吉尔摩为英国政治家大卫·戴维斯创作的，并以英文 Kensington Court Special 命名，直译为中文是“肯辛顿法院专用”。乔·吉尔摩长期在英国伦敦索威酒店担任头号调酒师，这家酒店是英国第一家奢华型酒店，在几十年的调酒生涯中，他创作了很多经典的鸡尾酒，以纪念特殊的事件和款待重要客人，其中包括英国首相丘吉尔、美国总统杜鲁门以及英国威廉王子、安妮公主等。

B. 肯辛顿法院鸡尾酒果味浓郁，气味芳香，品饮之后会满口留香，回味无穷。

迈泰

晴
2015年11月30日
星期一

按照计划，今年妈妈和我陪姥爷、姥姥去泰国旅游。这里碧海蓝天的热带风情、唇齿留香的泰式美食、味美甘甜的泰国水果、温和善良的泰国人民给我留下了十分美好的回忆，尤其是泰语“萨瓦迪卡”更是深深地留在我的心里。

踏上这片被称为“微笑暹罗”的大地，我们就一直在微笑，甚至大笑不断。导游阿福有着一颗热爱祖籍中国和现居地泰国的心，他幽默风趣，讲解的内容，从历史到今天、从宗教到世俗、从皇家到平民、从气候到景物、从物产到饮食，面面俱到。这次旅游使我们得到了一次生动的泰国知识普及，可谓皆大欢喜。

阿福教我的第一句泰语是“萨瓦迪卡”，意思是“你好”。每天早晨在旅行大巴上见面，我们都要微笑着用这句泰语互道问候。团里有个活跃分子说："萨瓦迪卡明明就是刷完你卡嘛！一下子就记住了。"全车人全都乐了。忍俊不禁的妈妈低声对我说："还记得你的'伸腰踢腿'吗？"这是我刚上幼儿园的事情了。每天回家给爸爸、妈妈说幼儿园的活动，我都会用一句话结尾："谢谢老师，伸腰踢腿！"爸妈分析了好长时间，才破译了"伸腰踢腿"的含义：原来是英文"谢谢老师"的音译呀！我俩顿时乐不可支。

你好——萨瓦迪卡！萨瓦迪卡——你好！欢笑声一再使我想起迈泰这款鸡尾酒，因为它最大的特点在于"迈泰"也是原创作地语言的音译。

调制方法

A 把 4 ~ 5 块冰块放入摇酒壶里。

B 将白朗姆酒、黑朗姆酒、香橙柑桂酒、菠萝汁、橙汁和柠檬汁依次倒入摇酒壶内。

C 用力摇匀至壶身出现冰霜。

D 将酒倒入鸡尾酒杯中。

E 用香橙片、菠萝片、樱桃装饰。

材料准备 白朗姆酒 30ml / 黑朗姆酒 15ml / 香橙柑桂酒 15ml / 菠萝汁 30ml / 橙汁 30ml / 柠檬汁 30ml / 香橙片 1 片 / 菠萝片 1 片 / 樱桃 1 颗 / 冰块 4 ~ 5 块

注意事项

A. 调制迈泰鸡尾酒的时候，基酒白朗姆酒的量要比黑朗姆酒的多，因为白朗姆酒可以更好地与果汁搭配。黑朗姆酒只要 15ml 就够了。

B. 这款鸡尾酒中的香橙柑桂酒可以用君度替代。

C. 这款鸡尾酒要突出热带风情，同时也不宜过于清爽，所以需要注意利口酒与果汁的比例。

A. 迈泰鸡尾酒被誉为“热带风情饮品女王”。迈泰指的是加勒比海的一种饮料。MaiTai 是当地的一种语言，意思是“好极了”。

B. 迈泰鸡尾酒即使在热带气候中，也能带来一丝清凉。它有水果的口感，还有水果装饰，让人有一种享乐的感受。在热带小岛的海滩酒吧或者在设施齐全的游泳池中喝上一杯这样的酒，会有一种非常舒服的感觉。

C.1944 年，迈泰鸡尾酒在美国奥克兰问世。由于在猫王主演的电影《蓝色夏威夷》中作为道具，因此广为流传。同时闻名于世的还有影片中猫王演唱的主题曲《情不自禁坠入爱河》。

飓风

多云
2015年12月5日
星期六

今晚调酒，频获嘉奖。在准备调制飓风鸡尾酒时，为展现风力之威，居然兴奋难耐，用力过猛，将一瓶酒的橡皮塞拧断，老妈嗔怒：“你看看，你还会干什么？”我认认真真、轻声细语地答：“我还会爱你啊！”老爸在一旁听得哈哈大笑。

从小爸爸、妈妈就给了我无私、温暖的爱。记得妈妈曾经写过一篇文章，题目是《我怎能不爱你呢？》：

> 妈妈爱你，宝贝儿！记得小时候的你经常问妈妈这样一个问题：“妈妈，你为什么爱我？”我会一遍遍地告诉你：“宝贝儿，不为什么，因为你是妈妈的孩子。”因为有了你才使我们的家完美，因为有了你才使妈妈的人生完整，你更是我生命的延续，我怎能不爱你呢？
>
> 随着时光的流转，你已经从懵懂的孩童出落

成善良美丽、宽厚乐观、孝顺体贴、爱心丰沛的少女了，你是我患病中的一杯热水、烦恼时的一丝笑意、疲惫里的一个按摩……妈妈正在时刻感受着成长中的你的反哺之情，我怎能不爱你呢？

你也有这样的疑问："妈妈，你爱我为什么还会对我很凶呢？是不是那时候就不爱我了？"我一遍遍地表白："宝贝儿，在任何时候妈妈都爱你！"担心你理解不了，从你小的时候，妈妈就用形象的方法讲给你听：在你身上有两个乐乐，一个是 Good girl，一个是 Bad girl，Good girl 想让你天天进步，Bad girl 想让你任性、自私、一事无成。她们天天都在打架，妈妈批评你的时候，是在对 Bad girl 发凶，帮助 Good girl 打败 Bad girl，让你的身上优点更多，缺点愈少。女儿，你确实是个善解人意的孩子，总能从妈妈表面的严厉中读出良苦用心。

都说青春期的孩子逆反心理强，容易与家长对立，但在你的身上妈妈时刻感受到的是青春的阳光、乐观的活力。妈妈生气发怒时，你选择默默无语，怒气过后，你有错速改，还不忘给妈妈宽心，让妈妈愉快。错怪了你的时候，你也是等妈妈生气过后再做说明，顽皮地学着妈妈当时的神态，逗得全家人哈哈大笑……你的欢声笑语充盈着我们的家。妈妈怎能不爱你呢？

亲爱的爸爸、妈妈，我爱你们！我爱我们的家！我的昵称叫"快乐幸福每一天"，因为你们的爱给了我幸福和快乐！

调制方法

A 把 4 ~ 5 块冰放入摇酒壶里。

B 将威士忌、金酒、绿薄荷利口酒和柠檬汁依次倒入摇酒壶内。

C 用力摇匀至壶身产生冰霜。

D 将酒倒入鸡尾酒杯中。

材料准备 威士忌 30ml / 金酒 30ml / 绿薄荷利口酒 30ml / 柠檬汁 30ml / 冰块 4 ~ 5 块

注意事项

A. 在这款酒中，为了突出清凉感，可以把绿薄荷利口酒放到60ml，但是不能超过这个量，否则颜色就会太深，影响视觉效果。

B. 调制时，使用两种基酒可以提升辣的口感。

A. 飓风，产生于热带或亚热带洋面上的一种强烈的热带气旋。在不同的地方叫法不同，在加勒比海被称为“飓风”，在我国被称为“台风”，在印度洋被称为“旋风”。在加勒比海语言中，“飓风”一词源自词汇“恶魔”（Hurican）。

B. 飓风鸡尾酒的口感像飓风一样，有很强的冲击力。在这款酒中，威士忌和金酒突出了酒精度数，所以当人们喝下去以后，肚子里仿佛受到了飓风一般的冲击，给人强烈的震撼。但是，这款鸡尾酒还加入了绿薄荷利口酒，冲击之后又会有一种清凉的感觉，愉悦而放松，激发出一种酣畅淋漓的快感。

晴转多云
2015 年 12 月 17 日
星期四

罗马假日

这些年，老妈的外地同学来访，聚在一起，聊的话题大多集中在两个方面：孩子和怀旧。前者，我不感兴趣；后者，因为新奇，有时也会听得津津有味。

比如今天，他们说到在学校大操场看免费电影，不管寒风呼啸，还是高温酷暑，男、女同学都早早地从宿舍搬来板凳，来晚的同学有时只好坐在幕布背后，也能看，但看的东西都是反的。那时候，播放一次电影，观众往往有数千人，十分壮观。他们提到最多的一部片子就是《罗马假日》，不仅因为它经典，也因为帅气、美丽的男女主人公凝聚了那个时代青年们浪漫的梦啊！

看着他们陶醉的神情，我悄悄地为每人调制了一杯名叫“罗马假日”的鸡尾酒。效果很好，他们中有人甚至满怀深情地说：“这杯酒终生难忘！”

调制方法

A 把 4 ~ 5 块冰块放入摇酒壶里。

B 将伏特加、桃汁依次倒入摇酒壶内。

C 用力摇匀至壶身出现冰霜。

D 将酒倒入鸡尾酒杯中。

E 使用分层的手法将红石榴糖浆倒入。

材料准备 伏特加 30ml / 桃汁 60ml / 红石榴糖浆 15ml / 冰块 4 ~ 5 块

注意事项

A. 调制罗马假日鸡尾酒时，由于基酒选用的是伏特加，所以放入标准量就可以了。

B. 为了突出浪漫的色彩，可以将桃汁多放一些，最多可放 90ml。

C. 放入红石榴糖浆是为了进一步突出视觉和味觉效果，但是不应该放得太多，以免口感过腻。

D. 饮用时可以用搅拌匙搅拌。

絮语

A. 这款鸡尾酒以电影《罗马假日》命名。1954 年，这部电影获得奥斯卡奖，同时它也是好莱坞黑白电影的经典之作。这部影片是美丽清纯的奥黛丽·赫本的处女作，她因此获得了奥斯卡最佳女演员奖，并一举成名，《罗马假日》也因奥黛丽·赫本而不朽。

B. 罗马假日鸡尾酒无论是从色彩上来看，还是从口感上来说，都很舒适，所以很适合女性饮用。酒里粉红色的桃汁中透着红色的红石榴糖浆，让人有一种赏心悦目的感觉，让人不禁联想起《罗马假日》中安妮和乔·布莱德利两个人纯洁、浪漫的爱情。基于此，这款酒也很适合情侣饮用。

C. 在罗马假日鸡尾酒中，伏特加的使用体现了其灵活性与变通性；加入桃汁，降低了酒的酒精度数，可以更好地突出浪漫与温馨；加入红石榴糖浆，增强了酒的色彩，红中透粉，非常亮丽。

龙舌兰日出

多云转晴
2015年12月24日
星期四

每次调制龙舌兰日出，我就想起小时候上学前，每一天老妈都要这样叫我起床：“乐儿，快起床！太阳都照到你的屁股上了！”这时，我赶忙揉揉眼睛，起身坐在床上。紧接着，我向窗外看去，太阳已经露出了笑脸。呀！新的一天已经开始了！桌子上铺满了阳光，被子上增添了一道亮色，户外的树木也布满金装。所以，每当我看到太阳升起的时候，就会觉得充满希望、充满活力、充满向往。

今天是平安夜，我给古色古香的家中增添了一道西洋色彩，在餐桌上摆放了三杯调好的鸡尾酒：龙舌兰日出、绿魔、中国红。鸡尾酒旁边放着一束美丽的红玫瑰和一方美味香甜的水果蛋糕。三者相得益彰，完美无缺。今天除了是平安夜，还有一个更重要的内容——庆祝爸妈结婚 25 周年。

我准备的礼物给爸、妈带来了巨大的惊喜。老爸、老妈都是习惯为别人着想的人，跟自己有关的纪念日很少放在心上，以后我要多为他们着想了。姥爷向我竖起了大拇指："银婚快乐幸福，乐乐好娃一个！"

调制方法

A 把 4 ~ 5 块冰放入摇酒壶里。

B 将龙舌兰酒、橙汁和柠檬汁依次倒入摇酒壶内。

C 将酒倒入香槟杯中。

D 采用分层的手法加入红石榴糖浆。

E 用柳橙片装饰。

材料准备 龙舌兰酒 30ml / 橙汁 90ml / 柠檬汁 30ml / 红石榴糖浆 15ml / 柳橙片 1 片 / 冰块 4 ~ 5 块

注意事项

A. 在龙舌兰日出鸡尾酒中，为了突出日出的感觉，需要加大橙汁的用量，至少要放到 90ml，以便呈现太阳刚刚升起的视觉效果。

B. 采用分层的手法加入红石榴糖浆，这样可以凸显火红的太阳冉冉升起的感觉。

C. 柠檬汁的用量不宜过多，30ml 就够了，因为这款酒不需要突出酒的酸味。

D. 饮用时可以用搅拌匙搅拌。

絮语

A. 龙舌兰日出是一款经典鸡尾酒。它成名于 20 世纪 70 年代，当时，滚石乐队的成员迈克·杰格在墨西哥演出时非常喜欢喝这款鸡尾酒，这款鸡尾酒也随之闻名。同时，这款鸡尾酒与老鹰乐队所作的名曲同名。

B. 在龙舌兰日出鸡尾酒中，基酒龙舌兰酒可以增强酒的清香；加入橙汁，可以增加水果风情；加入柠檬汁，可以降低酒的酒精度数；加入红石榴糖浆，可以提升视觉效果。

C. 龙舌兰日出鸡尾酒的颜色非常漂亮，感觉像是一轮火红的太阳冉冉升起，这象征着新的一天开始，让人充满朝气，充满希望。

春之绿

老舍先生有一篇著名的散文《济南的冬天》。在我童年的时候，经常听父母谈论济南的冬天，因为他们在那里度过了美好的大学时光。在新西兰留学数年，我和同学们谈得最多的是西安的春天，因为这个城市承载了我从童年到少年的全部记忆。

西安的春天和奥克兰的春天完全不同，前者是新鲜的、惊喜的、值得期盼和思念的，后者四季如春，就像两个整日厮守的朋友，少了许多眼前一亮的惊喜或牵肠挂肚的相思。思念西安的春天，实际上是思念猛然出现的那一抹绿，那么新奇而又含蓄。所有人都知道，随之而来的就是春暖花开，鸟语花香，直到浓浓的绿意萦绕着大地，令人彻底陶醉。在新西兰的时候，我就是沉醉在对西安的春和绿的无限畅想中，播放着理查德·克莱德曼的经典钢琴曲《绿袖子》，创制出这款“春之绿”鸡尾酒的。

今天的西安是雾霾天，北方的城市已经暗淡。为了心中的绿茵，为了让家人的心情好一些，我决定再次调制一杯春之绿鸡尾酒，从酒里体味一下久违的春天的气息也好啊！

调制方法

A 将 4 ~ 5 块冰放入到摇酒壶里。

B 将伏特加、金酒、龙舌兰酒、绿薄荷利口酒、白薄荷利口酒、桃子利口酒以及柠檬汁依次倒入摇酒壶内。

C 用力摇匀至壶身出现冰霜。

D 将酒倒入鸡尾酒杯中。

材料准备 伏特加 30ml / 金酒 30ml / 龙舌兰酒 30ml / 绿薄荷利口酒 30ml / 白薄荷利口酒 30ml / 桃子利口酒 30ml / 柠檬汁 90ml / 冰块 4 ~ 5 块

注意事项

春之绿鸡尾酒中需要加入三种基酒，每一种都不要超过30ml；绿薄荷利口酒和白薄荷利口酒的量应该相同；桃子利口酒可以增强酒的香味，但是量不要太多，毕竟它有一定的酒精度数；柠檬汁可以放入90ml。

絮语

A. 春之绿鸡尾酒是我自创的酒。

B. 在这款鸡尾酒中，无论是伏特加、金酒和龙舌兰酒这3种基酒，还是绿薄荷利口酒、白薄荷利口酒、桃子利口酒，都是为了体现春天的感觉；柠檬汁则是为了突出暖意。这款鸡尾酒清爽怡人、香味四溢。

C. 调制鸡尾酒时常用的洋酒是白兰地、威士忌、伏特加、朗姆酒、金酒和龙舌兰酒等，常用的糖浆是红石榴糖浆、黑加仑糖浆等，常用的果汁是菠萝汁、柠檬汁、橙汁、桃汁等，常用的利口酒是君度、樱桃利口酒、白可可利口酒、棕可可利口酒、白薄荷利口酒、绿薄荷利口酒、蓝柑利口酒等。

在装饰方面，没有强制性规定，主要以美观、简洁、舒适为主。一般选择鸡尾酒里含有的东西，如鸡尾酒里有橙汁，就可以用橙角或橙片装饰；也可以选用和鸡尾酒互补的东西，如鸡尾酒口味甜或者气味冲的，可以用柠檬片装饰。

耶稣山

多云
2016年1月16日
星期六

今天，西安一家球迷协会聚餐，请我去调鸡尾酒。这让我感到非常新鲜，在我的印象中，球迷们总是爱大杯豪饮啤酒。

其实，我也是个球迷，特别喜欢巴西队，对很多著名球星的身高、体重、技术特点、身世、喜好都了如指掌。

第一款鸡尾酒，我选择了耶稣山。我说："选择这款酒是因为它与巴西有关，耶稣山是里约热内卢的地标，是巴西的象征！"我们观看巴西世界杯期间，在国际足联的官方宣传片里、中央电视台直播画面中，巨大的耶稣圣像经常会出现于一座高山之巅，这座山就是耶稣山，是"世界新七大奇迹"之一。耶稣雕像的表情圣洁庄严，他面向浩瀚的大西洋，张开的双臂仿佛拥抱世界，又仿佛一个巨大的十字架，彰显着博爱与神圣。耶稣山、耶稣像告诉我们：这里是巴西，这里是里约热内卢！

在里约热内卢的各个角落都可以看到耶稣山，在耶稣山也可以尽览里约全景。2014 年的巴西世界杯，7 月 14 号德国队对阿根廷队的决赛场地马拉卡纳球场就在耶稣山的北面，从耶稣山可以看到马拉卡纳球场全景呢！第 31 届奥运会于 2016 年 8 月 5 日至 8 月 21 日在巴西里约热内卢举行。喝了这杯耶稣山，也盼望我们之中有更多的人能到耶稣山下观看奥运会。

今天是阴天，可我看到球迷们脸上光亮亮的。协会的对外联系人薛先生说：“第一杯鸡尾酒，我还以为你会选择运动之源呢。真是出其不意的好酒！”

调制方法

A 把 4 ~ 5 块冰放入摇酒壶里。

B 将龙舌兰酒、威士忌和蓝柑利口酒依次倒入摇酒壶内。

C 用力摇匀至壶身出现冰霜。

D 将酒倒入鸡尾酒杯中。

E 用苏打水注满。

材料准备　龙舌兰酒 30ml / 威士忌 30ml / 蓝柑利口酒 30ml / 苏打水适量 / 冰块 4 ~ 5 块

注意事项

调制耶稣山鸡尾酒时，蓝柑利口酒不要放得过多，过多的话，鸡尾酒的颜色会太深、味道过于浓烈，口感不好。

絮语

A. 味道独特、香味突出的龙舌兰酒与口感醇厚、芳香怡人的威士忌酒混合在一起，使耶稣山鸡尾酒的口感非常清爽。

B. 耶稣山，原名科尔科瓦多山，在葡萄牙语中是“驼峰”的意思，因此也被称为“驼峰山”。1922 年，巴西独立 100 周年时，巴西政府决定在科尔科瓦多山上建一座大型耶稣像。经过 10 年的设计、雕塑和施工，1931 年 10 月 12 日，高度为 38 米，头部长为 3.75 米，手长 3.20 米，两手相距 29 米，总重量 1145 吨的耶稣像最终完工，成为世界上最著名的巨型雕塑珍品之一。从此，科尔科瓦多山被命名为“耶稣山”。

爱琴海之恋

多云
2016年1月28日
星期四

老爸的书法作品《缘》，被刻在一块高两米多的石头上，立放在西安七贤庄的顺城巷口，城墙下淡红色的石身泛着玉石般的光泽，引来好多市民观赏、拍照。

姥爷、姥姥这两个“可可粉”，昨晚看到老爸微信公众号里的消息，今早就从城南坐了一个多小时的公交，来到“缘”字刻石前，近距离欣赏了个够，还拍了照片，全景、近景、特写、合影照了个遍。晚上，姥爷打电话跟我特得意地说：“你爸的书法刻石成为顺城巷街景，我想了一天总结了两句话——珂碑落座顺城巷，幸会七贤因有缘。”一旁的姥姥快人快语：“这老头儿太能拽文字，啰唆！不就是‘相伴是缘’嘛！”正扬扬得意的姥爷马上随声附和：“对，对，你姥姥总结得太好了！”我姥爷对姥姥，那可是“我的眼里只有你”。用姥姥的话说：“你看我吧，也不那么美，可你姥爷啥时候看我都是一朵花！”今年姥爷79，姥姥78。白天姥姥跳舞，姥爷打乒乓球；晚上一起看电视，或玩电脑，或上微信与朋友们视频聊天，悠然自得。俩人一起参加演出表演吹葫芦丝，一起旅游。啥时候见他们都是成双成对，笑口常开，活力无限。邻居们都笑称他俩是“天仙配”。

姥爷、姥姥的爱情，总是让我想起一首诗。

你的眼珠是我的碧海，
你的双靥是我的蔷薇，
你的笑声是我的鸟鸣。
我的蔷薇呵，
生在我的心地上：我的心地上是不老的青春！

他们“生死契阔，与子成说；执子之手，与子偕老”的甜蜜与浪漫，长而弥香，久而愈醇，最适合爱琴海之恋鸡尾酒。

调制方法

A 把 4 ~ 5 块冰放入摇酒壶里。

B 将金酒、蓝柑利口酒以及柠檬利口酒依次倒入摇酒壶内。

C 用力摇匀至壶身出现冰霜。

D 将酒倒入鸡尾酒杯中。

材料准备 金酒 30ml / 蓝柑利口酒 30ml / 柠檬利口酒 30ml / 冰块 4 ~ 5 块

注意事项

在这款鸡尾酒中，蓝柑利口酒和柠檬利口酒是辅助材料，但柠檬利口酒的量不能比蓝柑利口酒的量多。

絮语

A. 爱琴海之恋鸡尾酒的口感让人回味悠长，名字则让人觉得充满了浪漫的气息，仿佛在波光粼粼的爱琴海，一对对青年男女相知、相恋、相爱，甜蜜而又浪漫，人的思绪进入了非常美好的世界。

B. 爱琴海有一个非常美丽的称号“葡萄酒色之海”。春夏之时，白天在晴空丽日下，爱琴海的海水晶莹剔透，泛着灿烂的金光；傍晚的时候，海水就会变成绛紫色，宛如葡萄酒一般波光荡漾。

C. 在这款酒中，加入蓝柑利口酒是为了让人有一种置身于大海的感觉，加入金酒是为了让人想起甜蜜的爱恋，加入柠檬汁是为了体现恋爱的过程。

壮志凌云

为了显示今年过年的新气象，我突发奇想，准备举办一场家庭春节联欢晚会，充分展现其乐融融、阖家欢乐的家庭氛围。作为当仁不让的组织者，我身体力行，在活动积极分子姥姥的协助下，鼓励大家积极参加，拿出最好的表演状态，力争在猴年中发挥出“猴气象”。经过几轮友好的沟通与磋商，精彩纷呈的家庭春晚节目单出炉。

2016家庭春晚节目单：

1. 开场舞《好日子》，表演者：爸爸、妈妈、爷爷、奶奶、姥姥、姥爷、我

2. 歌曲《祖国万岁》，表演者：妈妈、我

3. 舞蹈《阿瓦古丽》，表演者：姥姥

4. 歌曲《滚滚长江东逝水》，表演者：爷爷

5. 歌曲《十六字令·山》，表演者：姥爷

6. 舞蹈《鸿雁》，表演者：妈妈

7. 歌曲《打靶归来》，表演者：爷爷、奶奶

8. 民乐葫芦丝合奏《我是一个兵》《伦巴舞曲》，表演者：姥爷、姥姥

9. 歌曲《雪绒花》，表演者：我

主持人：我　艺术总监：姥姥　摄影：爸爸

开过鸡尾酒会，吃过团圆饭，大家都摩拳擦掌，跃跃欲试，纷纷问我晚会啥时候开始。由于是第一次举办晚会，欠缺经验，我忘了定晚会开始的时间了！于是我们决定先看1个小时中央电视台的春晚，家庭晚会21点开始。

时间一到，我身穿红色礼裙，宣布："女士们、先生们，第一届家庭春节联欢晚会现在开始，请大家以热烈的掌声欢迎新春的到来！"然后，我打开音响，播放开场舞曲《好日子》，全家人都随着歌声翩翩起舞，气氛热烈。紧接着，我和老妈演唱《祖国万岁》，两个人都激情澎湃；姥姥大秀优美舞姿，跳了一曲《阿瓦古丽》，大家赞不绝口；爷爷引吭高歌《滚滚长江东逝水》；姥爷的《十六字令·山》大气磅礴；老妈跳了《鸿雁》为晚会添彩，大家的喝彩声、鼓掌声不断。爷爷和奶奶二人齐唱《打靶归来》，姥姥和我配合铿锵有力的演唱伴舞。姥姥和姥爷合吹了两首葫芦丝曲子《我是一个兵》和《伦巴舞曲》，使气氛达到了最高点。最后，作为晚会结束曲目，我边唱边跳舞，表演了一首有异域风情的歌曲《雪绒花》。老爸是家庭春晚的幕后人员，他为我们拍照、摄像。

今天是大年初一，回想家庭春晚的种种细节，感受到祖辈们活力四射、豪情万丈，我调制了这款壮志凌云鸡尾酒，用手机拍下来，分别发给他们，给老人们拜年，祝他们新春快乐，也祝愿他们洪福齐天、健康长寿！

调制方法

A 把 4 ~ 5 块冰块放入摇酒壶里。

B 将伏特加、蓝柑利口酒以及柠檬汁依次倒入摇酒壶内。

C 用力摇匀至壶身出现冰霜。

D 将酒倒入鸡尾酒杯中。

材料准备 伏特加 60ml / 蓝柑利口酒 30ml / 柠檬汁 30ml / 冰块 4 ~ 5 块

注意事项

A. 因为这款酒需要突出酒劲儿，所以需要将基酒伏特加放到60ml。

B. 蓝柑利口酒的量不能跟伏特加的量相同，否则口感太辣、颜色太深。

C. 加入柠檬汁可以降低鸡尾酒的酒精度数。

絮语

A. 这款名为“壮志凌云”的鸡尾酒，就其名而言，给人以气度大、具有王者风范之感。世界上最大的是海洋，比海洋更大的是宇宙苍穹，而比天空更大的莫过于人的胸怀。这款鸡尾酒既寓意着湛蓝的大海，又比拟广阔的天空，更凸显了饮者的气度非凡。

B. 这款酒以大量的伏特加作为主酒，虽然口感平和，但是力道十足，品尝之后大有壮志凌云之感。另外，加入蓝柑利口酒是为了体现蔚蓝的大海、辽阔的天空以及宽广的胸怀。

友谊地久天长

多云
2016年2月18日
星期四

今天上午去参加老妈的中学同学聚会，好感动啊！

他们有的远渡重洋而来，有的是经过三轮车、大巴、火车多次转车而来，有的好不容易请到假而来……都已经过了追求功利的年龄，聚在一起，只为友谊，只为重温曾经共同拥有的青春年少。

尤其令人动容的是，无论经历了多少艰辛、多少磨难，此时此刻他们都谈笑风生。有的人侃侃而谈，对未来的生活充满信心；有的人心潮澎湃，讲述现在的工作情况与家庭情况；有的人感慨万千，追忆似水年华，回忆过去的点点滴滴。

晚上，我给老妈制作音乐相册的时候，耳边一直萦绕着《友谊地久天长》这首脍炙人口的老歌，于是，带着感情，也带着感动创制了这款鸡尾酒。

品尝这杯酒时，老妈说她喜欢这款酒的香槟金色和持久悠长的香气，实在令人心醉，这让她想起自己写在大学毕业册上的留言："人生几度韶华，我独笑饮流年！"老妈喜欢时光带来的一切，她总爱说："岁月是把雕刻刀，一刀一片花瓣，刀刀刻出花瓣儿，终将时光雕成玫瑰！"

调制方法

A 把 4 ~ 5 块冰放入摇酒壶里。

B 将伏特加、朗姆酒、金酒、金巴利苦艾酒、君度、荔枝利口酒以及香蕉利口酒依次倒入摇酒壶内。

C 用力摇匀至壶身出现冰霜。

D 将酒倒入鸡尾酒杯中。

材料准备 伏特加 30ml / 朗姆酒 30ml / 金酒 30ml / 金巴利苦艾酒 30ml / 君度 30ml / 荔枝利口酒 30ml / 香蕉利口酒 30ml / 冰块 4 ~ 5 块

注意事项

A. 调制时，利口酒的量可以跟基酒的量相同，但是不可以高于基酒的量，否则鸡尾酒的味道会过辣。

B. 在这款酒中，加入君度可以提升酒的口感。加入气味芬芳的香蕉利口酒和荔枝利口酒是为了凸显岁月凝结的真情，表达友谊地久天长这个主题。

絮语

友谊地久天长鸡尾酒是我自创的酒。这款酒香味浓郁，加入伏特加、朗姆酒以及金酒，提高了鸡尾酒的酒精度数，同时也是为了体现友谊的长久；加入金巴利苦艾酒和君度是为了体现维系友谊所需要付出的努力；加入荔枝利口酒和香蕉利口酒增强了鸡尾酒的香气，以此体现友谊的真挚。

伊丽莎白二世

多云转阴
2016年2月23日
星期二

今天中午，孙叔叔为他的女儿圆圆赴英国留学举行送别宴，席间我特意调制了伊丽莎白二世鸡尾酒，因为这款酒与英国有关。同时，我还送给他们一款自己发明的苦尽甘来鸡尾酒，因为我知道绝大多数留学生在国外是非常想家的。

伊丽莎白二世鸡尾酒是我经常调制的一款，因为在新西兰酒吧工作的时候，许多当地女士常点这款酒。每到周末，酒吧里人气比平时旺了许多，来品酒的人也会大方许多。新西兰实行的是周工资制度，当地人更喜欢消费，不爱存钱，女士们大多也是如此。但是伊丽莎白二世鸡尾酒在其他地方并不常见，在西安，还有去泰国、埃及旅游时我光顾的当地酒吧中，都没有见到这款鸡尾酒。我想这也许是因为新西兰是英联邦成员国，尊奉英国女王为国家元首，显示尊崇与敬意吧。

圆圆赴英几天后，我去看望孙叔叔，他告诉我，在圆圆走过安检，背影消失的一刹那，他的眼泪喷涌而出，他转身面对候机厅玻璃大窗无声大哭，他担心女儿一个人独自在外，无依无靠；他害怕女儿这一去相隔万里，之前的闲聊、撒娇、生气、高兴，日常生活的点点滴滴变成了逢年过节的贺卡和问候，孩子成了远亲。我安慰叔叔，有这么深爱女儿的父母，有如此深厚的亲情温暖，圆圆怎能不惦记家呢？苦尽甘来的幸福明天在向您招手哪！我笑着做了个招手的动作，孙叔叔一下子就笑了出来。

调制方法

A 把 4 ~ 5 块冰块放入摇酒壶里。

B 将白兰地、甜味美思以及香橙柑桂酒依次倒入摇酒壶内。

C 用力摇匀至壶身出现冰霜。

D 将酒倒入香槟杯中。

材料准备 白兰地 30ml / 甜味美思 30ml / 香橙柑桂酒 30ml / 冰块 4 ~ 5 块

注意事项

调制时，可以用君度代替香橙柑桂酒，白兰地和甜味美思的量应该相同。

絮语

A. 新西兰是英联邦成员国。1956年启用的新西兰国徽由五组图案构成，正中上方的图案是一顶巨大的王冠，这是英国女王伊丽莎白二世加冕典礼时用的王冠，以此来象征英国女王也是新西兰的国家元首，而且处于至高无上的地位。
B. 英国女王伊丽莎白二世，是高贵优雅的代名词，她高贵却不娇贵，是英国皇室唯一参加过“二战”的女性，是当今唯一健在的、参加过“二战”的国家元首。她在18岁的时候加入了英国女子辅助服务团，当时外界对她的评价是：身为荣誉第二中尉的伊丽莎白公主也是一名优秀的机械师，并为此感到自豪。她会开卡车、会修理汽车、会骑马、会打枪，也会下厨做饭，经常亲自为丈夫准备早餐，她与丈夫菲利普的婚姻被称为“贵族婚姻的典范”。她是一位上得了厅堂、下得了厨房的女王！
C. 伊丽莎白二世鸡尾酒用香气扑鼻的白兰地搭配甜味美思和香橙柑桂酒，突出了酒的香味，口感非常舒适。

绿鹦鹉

晴转阴
2016 年 3 月 1 日
星期二

回国后，有时会突然非常想念在新西兰的日子，蓝的天、白的云、非常清爽的风，还有表情夸张并且淳朴可爱的毛利人。

晚饭后只有我一个人在家，翻看在新西兰的照片的时候，一张绿鹦鹉的照片让我感觉亲切极了。绿鹦鹉分布于新西兰安特波地斯岛上，它的头上和肚子上是黄色，透着清新。

于是，我创制了一款黄、绿结合的绿鹦鹉鸡尾酒。在这款酒中，为了营造黄色的感觉，我加入了加利安奴利口酒，并采用了分层的手法进行调制。将这款鸡尾酒放在桌上，我静静地看了半个多小时，仿佛又呼吸到奥克兰新鲜的空气。奥克兰，当我再见到你的时候，我已经发明出用中国白酒调制的鸡尾酒了，我要请你品尝！

调制方法

A 把 4 ~ 5 块冰放入摇酒壶里。

B 将龙舌兰酒、绿薄荷利口酒以及橙汁依次倒入摇酒壶内。

C 用力摇匀至壶身出现冰霜。

D 将酒倒入鸡尾酒杯中。

E 采用分层的方法加入加利安奴利口酒。

材料准备 龙舌兰酒 30ml / 绿薄荷利口酒 60ml / 橙汁 30ml / 加利安奴利口酒 30ml / 冰块 4 ~ 5 块

注意事项

A. 在这款酒中，基酒选用龙舌兰酒可以更好地突出酒的口感。

B. 加入橙汁可以中和酒的辣味，加入绿薄荷利口酒和加利安奴利口酒突出了酒的色泽。

C. 饮用时可以用搅拌匙搅拌。

A. 绿鹦鹉鸡尾酒是我自创的酒。

B. 这款鸡尾酒的颜色是黄绿色，绿色为主，黄色为辅。采用了分层的手法，突出了酒的层次感。调制时，加入少量的加利安奴利口酒是为了体现鹦鹉头部的黄色，加入绿薄荷利口酒有助于体现鹦鹉身上的绿色。这款酒清新可口，香味四溢，很适合夏季饮用。

C. 鸡尾酒基本上是以伏特加、金酒、朗姆酒等无色烈性酒为基酒，加上各种颜色的利口酒、果汁、糖浆配制而成的，颜色有很多种。不同的颜色有着不同的含义，例如：黄色代表着轻快、活力、辉煌、希望和庄重，绿色代表着环保、自然、生命、希望和宁静。

新闻记者

晴转多云
2016年3月11日
星期五

小时候，我认为记者是一个非常光鲜亮丽的职业，非常羡慕记者，因为他们可以与各界名人近距离接触，聆听他们的见解，知道他们在某一领域所做出的杰出贡献，了解他们的人生观、价值观与世界观。

后来，随着年龄的增长，我改变了自己的看法。虽然这个职业表面上非常光鲜亮丽，但是实质上充满着艰辛与汗水，有些时候，这个工作甚至还充满着危险与挑战。在某些突发情况下，虽然当地政府部门的工作人员到达了现场，有关单位的负责人到达了现场，消防官兵到达了现场，白衣天使到达了现场，但往往第一时间到达现场的是新闻记者。尽管有些场面非常凄惨，条件非常艰苦，环境非常恶劣，但对记者而言，仍然要尽职尽责，履行自己的使命与职责，冲在最前面对事件进行报道。

老爸是一名新闻工作者，在我20多年的成长历史中，我见证了老爸的心血与汗水。无论是炎热酷暑，还是寒冬腊月，他的神经都像弓弦一样绷得非常紧，我感到记者是非常忙碌、非常紧张的，也是非常劳累的。但即使这样，老爸还见缝插针地坚持写书、写诗、写书法。我问："老爸，你太累了，为什么不清闲下来呢？"老爸说："习惯了。"

今天我读了老爸写的新诗《简单·幸福》，从中看到了人生需要付出汗水的真谛，虽然每天的生活非常忙碌，但是内心却快乐充实。

诗中最后一段文字是这样写的：

我想做个简单的人
愿世界上充满简单的事
农民吃着种田饭
书生使着卖字钱
用汗水摆渡喜悦
以片叶摇曳阳春

我忽然明白了，我正是被这汗水养育着，一天天长大成人。难怪每次调制新闻记者这款鸡尾酒的时候，我的内心总是充满敬意。这种敬意是对汗水的敬意，是对养育的敬意，是"谁言寸草心，报得三春晖"一样的敬意。

调制方法

A 把 4 ~ 5 块冰放入摇酒壶里。

B 将金酒、龙舌兰酒、伏特加、干味美思、甜味美思、君度和柠檬汁依次倒入摇酒壶内。

C 用力摇匀至壶身出现冰霜。

D 将酒倒入鸡尾酒杯中。

材料准备 金酒 30ml / 龙舌兰酒 30ml / 伏特加 30ml / 干味美思 30ml / 甜味美思 30ml / 君度 30ml / 柠檬汁 30ml / 冰块 4 ~ 5 块

注意事项

在这款鸡尾酒中，加入适量的干味美思是为了显现苦味，加入甜味美思是为了调香，加入柠檬汁可以平衡苦味。

絮语

A. 新闻记者鸡尾酒的基酒是金酒、龙舌兰酒与伏特加，这三种酒混合在一起突出了辣味，以此表现新闻工作者所付出的艰辛汗水以及所遇到的困难；利口的干味美思和甜味美思提高了酒的香气，以此体现新闻工作者在孜孜不倦的工作中所获得的精神安慰；以柠檬汁的味道来体现新闻工作者在克服困难之后那种难以言表的喜悦之情。

B. 新闻记者鸡尾酒的特点是酸辣结合、苦中有甜。

多味星期一

阴
2016年3月21日
星期一

一年有52个星期，每个月至少有4个星期一。星期一是一周的开始，是全新的一天，酸甜苦辣，有滋有味。

在我上中学的时候，如果一切顺利，便会欣喜若狂、兴高采烈；如果遇到挫折，便会黯然神伤、闷闷不乐；如果下定决心与挫折抗争，便会坚韧不拔、坚持不懈；如果战胜挫折，就会喜出望外、眉开眼笑。曾经给同学发过短信：一日之计在于晨，为了一天的顺畅，要开心！好的开始是成功的一半，为了这一周的圆满，要乐观！周一快乐，一周快乐！

我创作这款鸡尾酒的时候，正好是星期一。我想，星期一是人们每周休息之后开始工作的第一天，是人们消除一周疲劳之感，活力旺盛、聚精会神开始工作，创造财富的新的一天，应予喝彩。于是我的灵感来了——多味星期一鸡尾酒诞生啦！

有人说，世界上最遥远的距离就是星期一到星期五。今天又是这个路程的开始，让我们用多味星期一来把旅途变成探索之旅、求知之旅、完美之旅、收获之旅，使生活更加丰富多彩、趣味盎然！让我们举杯，微笑着说一声："周一快乐，一周快乐！"

调制方法

A 将 4 ~ 5 块冰放入摇酒壶里。

B 将朗姆酒、伏特加、君度激醇、柠檬汁、橙汁以及西柚汁依次倒入摇酒壶内。

C 用力摇匀至壶身出现冰霜。

D 将酒倒入鸡尾酒杯中。

材料准备 朗姆酒 30ml / 伏特加 30ml / 君度激醇 30ml / 柠檬汁 30ml / 橙汁 30ml / 西柚汁 30ml / 冰块 4 ~ 5 块

注意事项

A. 对于多味星期一这种混合式鸡尾酒，每一种主酒的量都不应该过多，否则口感会太辣。

B. 在多味星期一鸡尾酒中，因为各种材料有不同味道，所以每一种材料的用量应该相同。

絮语

A. 多味星期一鸡尾酒是我自创的酒。

B. 星期一是每周的第一天，也是新的一周的开始，有的人有新的工作任务，有的人有新的目标，有的人有新的工作成绩与欢乐，有的人遇到新的挫折与困难。但不管怎样，有了星期一艰辛的付出，才会有接下来收获的喜悦。那么，如何调制多味星期一方能和多姿多味的星期一更贴切呢？我想，这款鸡尾酒应该含有多种味道。于是，我设想：酒中加入橙汁和西柚汁，以此体现人们在工作中遇到的挫折与困难；加入柠檬汁，以此体现人们为了解决困难和挫折所使用的方法与采取的途径；加入君度激醇和伏特加，以此体现人们为了解决困难与挫折所付出的努力和汗水；加入朗姆酒，以此体现人们解决了挫折与困难后的愉悦。

海湾清风

晴转多云
2016 年 3 月 27 日
星期日

我吹过宁夏干爽的风、石家庄凛冽的风、延安豪迈的风、西安浑厚的风、新加坡湿热的风、奥克兰温暖的风……唯独对埃及阿斯旺温和清爽的风情有独钟。

阿斯旺是埃及南部的城市，是世界上最干燥的地方之一。漫步在阿斯旺，走在波光粼粼的尼罗河畔旁的小道上，路边高大的椰枣树林立，风清月朗。来自世界各地的游客，熙熙攘攘，自由、快乐地穿行。披着长袍、面庞如希腊石像般的埃及人对中国游客非常友好，目光温和，还外加一句半生不熟的中国话："你好！"或是"中国好""我爱中国""欢迎你"等。

调酒如茶道，同样的配方、同样的比例、同样的温度，操作者不同，喝起来的味道也会大不相同。在西安时，我调制海湾清风这款鸡尾酒时，总感觉口感不能尽如人意。老爸说："要有令人心旷神怡的感觉！要有'若无清风吹，香气为谁发'的意境。感觉对了，就调对了。"

回游轮的路上，接连路过好几家酒吧，真恨不得进去借个调酒器试上一把。但是，我忍住了，我告诉自己：先别急，找准感觉，回西安一次成功。

回到家中，反复吟诵李白的《古月》诗句：

孤兰生幽园，众草共芜没。
虽照阳春晖，复悲高秋月。
飞霜早淅沥，绿艳恐休歇。
若无清风吹，香气为谁发。

这一刻，海湾便是阿斯旺，海湾清风便是独属于阿斯旺的一朵花，在此为它倾吐芳华。

调制方法

A 把 4 ~ 5 块冰放入摇酒壶里。

B 将伏特加、菠萝汁和蔓越莓汁依次倒入摇酒壶内。

C 用力摇匀至壶身出现冰霜。

D 将酒倒入鸡尾酒杯中。

材料准备 伏特加 30ml / 菠萝汁 60ml / 蔓越莓汁 60ml / 冰块 4 ~ 5 块

注意事项

A. 海湾清风鸡尾酒要突出甜香水果的气息，所以菠萝汁和蔓越莓汁需要放得多一点儿，但也不宜过多，过多会使味道太酸、太甜，影响鸡尾酒的口感。

B. 在这款鸡尾酒中，伏特加的量不应该高于菠萝汁和蔓越莓汁的量，否则鸡尾酒的味道太辣，削弱了酒的水果风情。

絮语

A. 海湾清风鸡尾酒是在伏特加中加入成倍的果汁，因此这款酒有清香的味道、亮丽的色彩，颇受女性喜爱。

B. 在这款酒中，通过加入大量的菠萝汁与蔓越莓汁，提升了酒的水果风味，这不仅中和了伏特加的辣味，同时增强了酒的清新之感，让人感觉似阵阵海风吹来。

蓝色夏威夷

多云
2016年4月1日
星期五

小时候学地理，一直以为红海是红色的，直到去埃及旅游才亲眼看到，红海不仅蔚蓝，而且蓝得让人心醉。在尼罗河的游船上，我把这些告诉老妈，把她逗得哈哈直笑。

在微信中，我不由得抒发了这样的感慨：来到红海，就被她的美丽深深震撼。红海的水晶莹剔透，是那样纯净、清澈；红海的颜色如此漂亮，让人陶醉、向往；红海有很强的层次感，让人着迷、留恋；红海让人感到静谧，没有波涛汹涌、巨浪滔天。

今天在家里，老妈旧事重提，拿我打趣。老爸说："想当然、望文生义的笑话有很多。唐宋八大家之一的王安石研究汉字，著有《字说》，他自鸣得意的研究成果是'波者，水之皮也’。苏东坡一听就乐了，揶揄王安石说那敢情是‘滑者，水之骨也’。王安石因此闹了个大红脸。”

为了感谢老爸给我解围，我特地给老爸调制了一杯名叫“蓝色夏威夷”的鸡尾酒。当然，也是为了让老爸和我们一起更深刻地感受红海那片蔚蓝。

调制方法

A 把 4 ~ 5 块冰块放入摇酒壶里。

B 将白朗姆酒、蓝柑利口酒、菠萝汁和椰汁依次倒入摇酒壶内。

C 用力摇匀至壶身出现冰霜。

D 将酒倒入鸡尾酒杯中。

材料准备 白朗姆酒 30ml / 蓝柑利口酒 60ml / 菠萝汁 30ml / 椰汁 30ml / 冰块 4 ~ 5 块

注意事项

A. 蓝色夏威夷鸡尾酒选用白朗姆酒作为基酒。如果基酒选用伏特加或者龙舌兰，虽然颜色都是无色，但是口感过于辛辣；如果基酒选用金酒，因为金酒是干性酒，而且有一种植物药材的气味，所以不适合“夏威夷”这个主题；如果基酒选用威士忌，威士忌是有颜色的，与其他材料搭配在一起，会使酒的颜色过深，影响视觉效果；如果基酒选用白兰地，白兰地的香味过香，也不适合“夏威夷”这个主题。

B. 为了突出这款鸡尾酒的颜色，需要使用 60ml 的蓝柑利口酒。

C. 加入椰汁和菠萝汁，有助于提升酒的口感，使这款鸡尾酒具有热带风情，口感舒适，辣中带甜。

絮语

A. 夏威夷是美国的一个群岛州，首府位于檀香山。它是一个梦幻般的地方，虽然地处热带，但是气候温和宜人，一年四季花朵漫山遍野地绽放着，自然而然地散发着悠闲、浪漫的气息。同时，碧蓝的天空、湛蓝的大海和岸边的沙滩，给人海天相连的感觉，风景优美。

B. 这款鸡尾酒无论是色泽，还是口感，都会让人感受到浓浓的海洋的气息。

伯爵夫人

今天中午，与几个小学同学聚餐，叽叽喳喳地谈到了石倩在外国很好，她老公的舅舅的表哥的外公的三姨是一位伯爵夫人，是正宗的贵族！这是我这辈子在现实生活中第一次和伯爵夫人有了点联系，只是听起来咋这么累啊！同学们又叽叽咕咕了一阵，不知道是羡慕还是觉得好笑。最后，大家一致决定，还是由我调制一款叫“伯爵夫人”的鸡尾酒请大家喝更实在。绕了那么大一圈，从欧洲都绕回来了，原来在这儿等着呢！

晚上跟妈妈谈起伯爵夫人，她们是什么样的人？怎样来理解贵族？对我来说，调酒仅仅是色彩、口感上的形似是不够的，更关键的是要调出每一款酒的内涵和精髓来。以前看的小说和电影让我对以伯爵夫人为代表的欧洲贵妇们敬意颇多，她们美丽、高贵、优雅，她们的沙龙曾经促进了欧洲文化的发展，她们甚至直接资助过许多杰出的艺术家。养尊处优的贵族生活高雅又浪漫。妈妈建议我再去看一看俄国十二月党人妻子们的故事，读一读普希金的诗歌。

普希金献给十二月党人和他们的妻子的诗歌《致西伯利亚的囚徒》让我深受感动：

在西伯利亚深深的矿井，
你们坚持着高傲的忍耐的榜样，
你们悲壮的工作和思想的崇高志向，
决不会就那样徒然消亡！
灾难忠实的姊妹——希望，
正在阴暗的地底潜藏。

俄国十二月党人的妻子们中就有伯爵夫人，更有侯爵夫人、公爵夫人，都出身于名门望族，拥有贵族特权，美貌博学，她们是理想浇灌盛开的鲜花，是历经苦难孕育的珍珠，以高尚、尊严、仁善、勇敢、忍耐、浪漫、宽容等绽放着永恒的、高贵的、不朽的美丽。

伯爵夫人鸡尾酒，必须体现出真正美好的贵族精神，这就是追求理想，创造幸福，不怕苦难，坚持不懈。

调制方法

A 把 4 ~ 5 块冰放入摇酒壶里。

B 将龙舌兰酒、荔枝利口酒以及柚子汁依次倒入摇酒壶内。

C 用力摇匀至壶身出现冰霜。

D 将酒倒入鸡尾酒杯中。

材料准备 龙舌兰酒 30ml / 荔枝利口酒 30ml / 柚子汁 30ml / 冰块 4 ~ 5 块

注意事项

在伯爵夫人鸡尾酒中，所用材料的量相同，这样酒的口感会非常舒适。

絮语

A. 在这款鸡尾酒中，口感辛辣的龙舌兰酒与充满甜味的荔枝利口酒以及略带酸味的西柚汁完美地搭配在一起，口感温和纯正。

B. 有一部影片叫《伯爵夫人》，改编自旅英日本作家石黑一雄的同名小说。在影片中，俄国贵族索菲亚·别林斯基伯爵夫人少年时期上的是贵族学校，后来被迫流亡。她美丽坚韧，仁爱善良，承担起养家糊口的责任，努力为女儿创造幸福快乐的生活。

法国情怀

晴
2016年5月2日
星期一

因为有了微信，世界变得更小了。上午刚和奥克兰的苏聊了半个小时，中午王美丽就从法国发来一段她儿子的视频，小家伙不停地翻身打滚，可爱极了。

王美丽是我的校友，比我高三个年级，几年前远嫁巴黎，她说她的法国老公迷上了西安的葫芦鸡，做得比西安人还地道，等我有机会到法国请我吃。我听得瞠目结舌，还是老妈反应快，说：“你告诉她，下次回到西安，请她们喝用法国命名的鸡尾酒。对，对，就是法国情怀！”

世界变小了，变得太有意思了。

调制方法

A 把 6 ~ 8 块冰放入混酒杯里。

B 将白兰地和杏仁利口酒依次倒入混酒杯内。

C 用搅拌匙的背面沿着杯壁缓缓搅拌。

D 用滤冰器将酒倒入古典杯中。

材料准备 白兰地 60ml / 杏仁利口酒 60ml / 冰块 6 ~ 8 块

注意事项

A. 调制法国情怀鸡尾酒应该采用调和法，这样可以使所有的材料完美地混合在一起，提升酒的香味。

B. 调制时，杏仁利口酒不应该比白兰地放得多，原因在于：第一，白兰地和杏仁利口酒都很香，如果杏仁利口酒放得过多，口感就有点儿腻了；第二，这两种酒的颜色有些类似，如果杏仁利口酒的量比白兰地的量多，酒的颜色就太深了，会给人压抑之感。

C. 在古典杯中至少要放入 6 块冰，这样才能保证清凉。

A. 法国全称为法兰西共和国，在日耳曼语中是“勇敢的、自由的”意思，这是罗马帝国时代对法国人的赞誉。

法国是浪漫的，这里的“世界花都”巴黎风情万种，波尔多美酒飘香，普罗旺斯熏衣草盛开，蓝色海岸美丽迷人，还有万国之宫罗浮宫、枫丹白露宫、巴黎圣母院等我们耳熟能详的历史名胜。所有的一切集中体现了两个字：浪漫。这种浪漫是有根的，它生长于法国悠久的历史土壤里，随着时光的流逝逐渐发展，使浪漫、优雅集中表现出一种打动人心的情怀，这就是法国情怀。

B. 在法国情怀鸡尾酒中，使用了意大利产的名酒杏仁利口酒，甘甜醇厚的杏仁利口酒与芳香宜人的白兰地搭配在一起，使这款鸡尾酒口感香甜，气味芬芳，令人回味悠长。

玛格丽特

多云转晴
2016 年 5 月 20 日
星期五

今天，朋友举行盛大的草坪婚礼，邀请我现场表演调鸡尾酒助兴。绿色的草坪上开满了淡雅的雏菊，帅气的新郎、美丽的新娘脸上洋溢着幸福，明媚的阳光照在一张张喜气盈盈的笑脸上，一切是那么的欢乐。司仪提议我调制那款著名的玛格丽特，用来祝福有情人终成眷属，被我婉言拒绝了，因为玛格丽特虽然是一款举世闻名的跟爱情有关的鸡尾酒，但是它背后的故事过于凄美了，和中国喜庆文化不太合拍，中国人的婚礼还是喜庆、美满、吉祥一点好，所以我是用龙舌兰日出作为开场酒的。

婚礼上，八方来宾举杯祝福，一对新人把酒致谢。笑语、欢声、祝福声声声入耳，雏菊、阳光、美酒景景生情。雏菊和植物玛格丽特长得很像，相传雏菊干花可以使人永远健康。婚礼结束后，我把长桌上散落的雏菊花用洁白的擦杯布包起来，带回家插在瓶中，准备做成干花。今夜花好月圆，祝愿相爱的人美满幸福！

调制方法

A 把柠檬切成片，用柠檬片沿着玛格丽特杯的边缘旋转一圈，使杯口湿润。

B 在一个盘子中放上盐，使其均匀地铺在盘中，把玛格丽特杯倒扣在放盐的盘子上，转动杯子，使盐充分地黏在杯口，然后拿起杯子将多余的盐抖落。

C 将 4 ~ 5 块冰块放入摇酒壶里。

D 将龙舌兰酒、柠檬汁和君度依次倒入摇酒壶内。

E 用力摇匀至壶身出现冰霜。

F 将酒倒入玛格丽特杯中。

G 放入一片柠檬做装饰。

材料准备

材料准备	**无色版：无色龙舌兰酒 30ml / 君度 30ml / 柠檬汁 30ml / 冰块 4 ~ 5 块 / 柠檬适量 / 盐适量**
	蓝色版：无色龙舌兰酒 30ml / 蓝柑利口酒 30ml / 柠檬汁 30ml / 冰块 4 ~ 5 块 / 柠檬适量 / 盐适量
	金色版：金色龙舌兰酒 30ml / 君度 30ml / 柠檬汁 30ml / 冰块 4 ~ 5 块 / 柠檬适量 / 盐适量

注意事项

A. 玛格丽特鸡尾酒可调制成无色、蓝色或者金色，但最好调制成蓝色，因为蓝色在西方文化中代表忧郁、伤感，所以蓝色能更好地体现这款酒的主题。

B. 玛格丽特杯是调制玛格丽特鸡尾酒专用的杯子。

C. 为了突出伤感的情绪，可以将柠檬汁加到 60ml。

絮语

A. 玛格丽特鸡尾酒被誉为“鸡尾酒之后”，是除了马提尼之外世界上最著名的传统鸡尾酒之一，是 1949 年全美鸡尾酒大赛的冠军。它的来源有一个非常凄美的爱情故事，其创始人是简·杜雷萨（Jean Durasa），玛格丽特（Margarita）是他已故恋人的名字。1926 年，杜雷萨和玛格丽特两个人外出打猎的时候，玛格丽特不幸中弹身亡。从此，杜雷萨变得郁郁寡欢，非常伤感，时常想起自己的恋人。所以在 1949 年，他把自己的获奖作品以恋人的名字命名。

B. 在这款鸡尾酒中，龙舌兰产自墨西哥，代表着创作者的女朋友；用柠檬汁是为了体现创作者内心的酸楚；盐代表着点点泪花，体现了创作者的无限悲痛和对恋人的思念。

C. 这款鸡尾酒的基酒是龙舌兰，配以各种果汁和橙酒，口感十分和谐。龙舌兰的火辣口感中蕴含着柠檬的酸涩，仿佛简·杜雷萨与玛格丽特那热烈又饱含着凄凉的爱情。

梦幻天池

阵雨转多云
2016 年 6 月 7 日
星期二

2014 年 7 月，当时老爸在塔吉克斯坦畅游亚历山大湖，而我在新西兰纯净的天空下研发作别奥克兰的最后一款鸡尾酒。新西兰在毛利语中是“长白云之乡”的意思，我希望这款酒能表现出新西兰不带杂质的纯粹的蓝天白云。

现在，我们团聚在古都西安温馨的家中，窗外是大明宫遗址公园璀璨的灯光，炕桌上台湾友人寄来的金萱茶氤氲着淡雅的香，我翻看着老爸在亚历山大湖的照片。这些照片给我的感觉与我在新西兰调制的那杯酒惊人的相似，与作家刘白羽描述他看到天池“仿佛自己落入深蓝色湖面印着雪白冰峰的清澈明丽的幻想之中了”的感觉，也是惊人的相似。

人世间有许多美好的事物，都产生于心有灵犀的时刻，艺术家称之为“灵感”，心理学家称之为“第一感觉”，佛家称之为“缘”。于是，我决定把这款自己倾心创制的鸡尾酒命名为“梦幻天池”。“天池”是对中国高山湖泊的形象化统称，新疆的天山有天池，吉林的长白山也有天池。天池宛如晶莹剔透的蓝宝石，镶嵌在祖国大江南北的巍峨群山之巅。我们无论走到什么地方，都会以中国为核心纽带，与一切美好结缘。

正如老爸所说：“缘，说不清，道不明，追不上，寻不见……往往却能不期而遇，仿佛弟子评价孔子那样——仰之弥高，钻之弥坚，瞻之在前，忽焉在后。”不管怎样说，广结善缘总是好的。

调制方法

A 把 4 ~ 5 块冰放入摇酒壶里。

B 将伏特加、君度以及柠檬汁依次倒入摇酒壶内。

C 用力摇匀至壶身出现冰霜。

D 将酒倒入鸡尾酒杯中。

E 使用分层的手法在鸡尾酒杯中加入蓝柑利口酒。

F 使用分层的手法在鸡尾酒杯中加入添万利利口酒。

材料准备 伏特加 30ml / 蓝柑利口酒 30ml / 君度 30ml / 柠檬汁 30ml / 添万利利口酒 30ml / 冰块 4 ~ 5 块

注意事项

A. 调制梦幻天池时，可以适当地增加蓝柑利口酒的量，这样既提升了色彩，又提升了口感。但最多为 45ml，否则颜色会过深。

B. 也可以增加君度的量，因为这样不但可以增加酒的甘醇，还可以中和伏特加的味道。君度最多可以用 45ml，否则酒精度数就太高了，会让人不舒服。

C. 调制时，蓝柑利口酒和添万利利口酒不应该与其他材料一起倒入摇酒壶中，必须采用分层的方法加入，这样才能产生层次感。

絮语

A. 梦幻天池鸡尾酒是我自创的酒。

B. 在这款酒中，加入蓝柑利口酒和添万利利口酒是为了突出明镜般的湖水，更好地展现色彩的美丽；加入君度和柠檬汁进一步地弥补了伏特加的口感，增强了酸甜口感，使鸡尾酒口感甘甜醇美、清爽宜人。这样，湖水清澈透亮、晶莹如玉的感觉就被诠释出来了。

附录 1

鸡尾酒的种类

鸡尾酒种类繁多，目前鸡尾酒的品种有 1 万多种，将来还会有更多种类的鸡尾酒被创作出来。虽然配方不尽相同，但都是由调酒师利用自己的创造力设计出来的佳品，除了色、香、味俱全，盛载恰当，装饰美观，口感协调之外，从视觉上看、嗅觉上品，都能体味到鸡尾酒给人带来的愉悦与快感。用独特的酒杯盛放、简单的装饰美化，一杯杯充满着梦幻、魅力、诗意的鸡尾酒就会神奇地出现在人们面前，让人们陶醉、怡然。

一、按饮用时间和场合分

按照饮用时间和场合，鸡尾酒可分为餐前鸡尾酒、餐后鸡尾酒、晚餐鸡尾酒、睡前鸡尾酒、派对鸡尾酒和夏日鸡尾酒。

1. 餐前鸡尾酒

餐前鸡尾酒又被称为“餐前开胃鸡尾酒”，适合在餐前饮用，主要起生津开胃的作用，这类鸡尾酒通常糖分较少，口味较酸或干烈，即使是甜性餐前鸡尾酒，口味也不太甜腻。常见的餐前鸡尾酒有马提尼、曼哈顿等。

2. 餐后鸡尾酒

餐后鸡尾酒适合餐后饮用，并辅助品尝甜品，所以口味较甜，且酒中使用了较多的利口酒，特别是草药类利口酒，这类利口酒一般都含有药材，饮用后能化解食物淤积，促进消化。常见的餐后鸡尾酒有史丁格、亚历山大等。

3. 晚餐鸡尾酒

晚餐鸡尾酒是吃晚餐时佐餐用的鸡尾酒，口味较辣，酒的色彩艳丽，且非常注重酒与菜肴口味的搭配，有些可以作为头盘、汤等的替代品。但是在一些较正规的用餐场合，通常以葡萄酒佐餐，较少用鸡尾酒佐餐。

4. 睡前鸡尾酒

睡前鸡尾酒即安眠酒，睡前为能熟睡而喝。一般认为睡前酒最好是以白兰地为基酒，味道浓重的鸡尾酒和使用鸡蛋的鸡尾酒。

5. 派对鸡尾酒

派对鸡尾酒主要用于派对上，特点是非常注重鸡尾酒的口感和色彩，酒精含量一般较低。常见的派对鸡尾酒有龙舌兰日出、红粉佳人等。

6. 夏日鸡尾酒

夏日鸡尾酒清凉爽口，具有解渴的作用，尤其适合在热带地区或酷热的夏季饮用，味道清新，口感醇厚，如冷饮类和柯林类酒、长岛冰茶等。

二、按基酒分

按照调制鸡尾酒的基酒分类是一种常见的分类方法，这种分类方法简单易记，主要分为以下 6 种：

1. 以金酒为基酒的鸡尾酒，如：红粉佳人、马提尼、新加坡司令。

2. 以威士忌为基酒的鸡尾酒，如：丘吉尔、罗布·罗伊、曼哈顿。

3. 以白兰地为基酒的鸡尾酒，如：亚历山大、奥林匹克、边车。

4. 以朗姆酒为基酒的鸡尾酒，如：蓝色夏威夷、椰林飘香、迈泰。

5. 以伏特加为基酒的鸡尾酒，如：巴拉莱卡、血腥玛丽、撞墙哈维。

6. 以龙舌兰酒为基酒的鸡尾酒，如：龙舌兰日出、玛格丽特、耶稣山。

三、按饮酒方式分

按照饮酒方式，鸡尾酒可分为长饮和短饮两大类。

1. 长饮

长饮类鸡尾酒是用烈性酒、果汁、汽水等混合调制，酒精含量较低，比较温和，可以放置较长时间不变质，因而饮者可以长时间饮用，故称为“长饮”。

2. 短饮

短饮类鸡尾酒是一种酒精含量高、分量较少的鸡尾酒，饮用时通常可以一饮而尽，不必耗费太多的时间。

四、综合分类法

综合分类法是目前世界上最流行的鸡尾酒分类方法，它按照调制的成品的特色、调制材料的构成等诸多因素，将鸡尾酒分成 30 类:

1. 马提尼类

马提尼被誉为“鸡尾酒之王”，是用金酒和味美思等材料调制而成的短饮类鸡尾酒，也是当今最流行的传统鸡尾酒。分为甜性、干性和中性三种，其中干性马提尼最流行，是由金酒加干味美思调制而成，以柠檬皮装饰，芳香怡人。

2. 曼哈顿类

曼哈顿被誉为“鸡尾酒皇后”，与马提尼一样属于短饮类鸡尾酒，是由黑麦威士忌加味美思调制而成。甜曼哈顿最为知名，得名于美国纽约哈德逊河口的曼哈顿岛，它的配方经历了很多次的变化，现在已趋于简单。甜曼哈顿通常用樱桃装饰，而干曼哈顿用橄榄装饰。

3. 司令类

司令类鸡尾酒是以烈性酒为基酒，加入利口酒、果汁等调制，并兑以苏打水混合而成。这类酒的酒精含量不多，清凉爽口，很适合在热带地区或夏季饮用。

4. 霸克类

霸克类鸡尾酒是用烈性酒加姜汽水、冰块，采用兑和法调配而成，饰以柠檬。

5. 考伯乐类

考伯乐类鸡尾酒是长饮类饮料，用白兰地等烈性酒加橙皮甜酒或糖浆摇晃或搅拌调制而成，用水果装饰。酒精含量较少，很受人们喜爱，尤其是在酷热的季节里。

6. 柯林类

柯林类鸡尾酒是一种酒精含量较低的长饮类饮料，通常以威士忌、金酒等烈性酒为基酒，加入柠檬汁、糖浆或苏打水兑和而成。

7. 奶油类

奶油类鸡尾酒以烈性酒和一两种利口酒摇制，加入奶油搅拌。味道较甜、口感柔和，适合餐后饮用、女性饮用。

8. 杯饮类

杯饮类鸡尾酒是用烈性酒，如白兰地，加入橙皮甜酒、水果等调制而成，一般用高脚杯或大杯盛载。

9. 冷饮类

冷饮类鸡尾酒以烈性酒兑和姜汽水或苏打水、石榴糖浆等调制而成，和柯林类饮料属于同一类。

10. 克拉斯特类

克拉斯特类鸡尾酒是用各类烈性酒，如金酒、朗姆酒、白兰地等，加入冰块稀释而成，属于短饮鸡尾酒。

11. 得其利类

得其利类鸡尾酒是以朗姆酒为基酒，加上柠檬汁和糖浆配制而成的冰镇饮料。口感清爽，需要立即饮用，如果时间过长，容易分层。

12. 黛西类

黛西类鸡尾酒是以烈性酒为基酒，如金酒、威士忌、白兰地等，加入糖浆、柠檬汁或苏打水等调制而成，酒精含量较高，属于短饮鸡尾酒。

13. 蛋诺类

蛋诺类鸡尾酒是一种酒精含量较少的长饮类饮料，通常是用烈性酒，如威士忌、朗姆酒等，加入牛奶、鸡蛋、糖、豆蔻粉等调制而成，装入高杯或者鸡尾酒杯内饮用。

14. 菲克斯类

菲克斯类鸡尾酒是一种以烈性酒为基酒，加入柠檬、糖和水等兑和成的长饮类鸡尾酒，常以高杯作载具。

15. 菲斯类

菲斯类鸡尾酒是一种以烈性酒为基酒，加入蛋清、糖浆、苏打水等配制而成的长饮类饮料。

16. 菲力普类

菲力普类鸡尾酒通常以烈性酒，如金酒、威士忌、白兰地、朗姆酒为基酒，加入糖浆、鸡蛋和豆蔻粉等，采用摇和法调制。

17. 弗来培类

弗来培类鸡尾酒是一种以烈性酒为基酒，加入各类利口酒和碎冰调制而成的短饮类饮料。也可以只用利口酒加碎冰调制，最常见的是以薄荷酒加碎冰。

18. 高杯类

高杯类鸡尾酒是一种最常见的混合饮料，通常以烈性酒兑入苏打水、汤尼克水或姜汽水而成，并以高杯作为载杯而得名。

19. 热托地

热托地是一种热饮，以烈性酒为基酒，兑以糖浆和开水，并缀以丁香、柠檬皮等，适合冬季饮用。

20. 热饮类

热饮类鸡尾酒以烈性酒为基酒，用鸡蛋、糖、热牛奶等作为辅助材料调制而成，有暖胃、养生等功效。

21. 朱力普类

朱力普俗称“薄荷酒”，常以烈性酒为基酒，加入刨冰、水、糖粉、薄荷叶等材料制成，并用糖圈在杯口装饰。

22. 老式酒类

老式酒类又被称为“古典鸡尾酒”，是一种传统的鸡尾酒。调制的材料包括烈性酒，主要是波旁威士忌、白兰地等，加上糖、苦精、水及各种水果等，采用兑和法调制而成，使用古典杯盛载。

23. 宾治类

宾治类鸡尾酒是较大型的酒会必不可少的饮料，有的含有酒精，有的不含酒精。即使含有酒精，含量也不高。调制的主要材料是烈性酒、葡萄酒和各类果汁。宾治酒灵活多变，具有浓、淡、香、甜、冷、热、滋养等特点，适合于各种场合。

24. 彩虹类

彩虹酒是用白兰地、利口酒、石榴糖浆等材料，按其比重、密度不同依次兑入香槟杯中调制而成。虽然调制方法并不复杂，但是技术要求很高，必须严格按照配比进行调制，因此，了解各种酒的比重和密度是非常重要的。

25. 瑞克类

瑞克类鸡尾酒是一种以烈性酒为基酒，加入苏打水、青柠汁等调配而成的长饮类饮料。

26. 珊格瑞类

珊格瑞类鸡尾酒不仅可以用烈性酒配制，还可以用葡萄酒和其他基酒配制，属于短饮类饮料。

27. 思迈斯类

思迈斯类鸡尾酒是朱力普中一种较淡的饮料，用烈性酒、薄荷、糖等材料调制而成，加碎冰饮用。

28. 酸酒类

酸酒类鸡尾酒可分为短饮和长饮两类，通常是以烈性酒为基酒，加入柠檬汁或青柠汁和适量的糖粉调制而成。长饮类酸酒需要兑入苏打水以降低酒的酸味。

29. 双料鸡尾酒类

双料鸡尾酒是用一种烈性酒与另一种酒精饮料调制的。这类鸡尾酒口感偏甜，最初主要作为餐后甜酒，现在什么场合都可以饮用。

30. 赞比类

赞比俗称“蛇神酒”，是一种以朗姆酒等烈性酒为基酒，兑入果汁、水果、水等调制而成的长饮类鸡尾酒，酒精含量不是很高。

附录 2

鸡尾酒的基酒

调制鸡尾酒常用的基酒有 6 种：伏特加、威士忌、朗姆酒、白兰地、金酒、龙舌兰酒。

一、伏特加

伏特加是俄罗斯的国酒，主要产于俄罗斯，波兰、德国、芬兰、美国等国家也出产。

（一）起源

伏特加正式出现在 1478 年，当时伊凡三世确立了俄罗斯人爱喝的这种白酒的国家垄断权。起初它的名字很平常，叫“第 21 号餐桌酒”。后来它还被称为“面包酒”“烧酒”，直到 20 世纪初才被更名为“伏特加”。

“伏特加”是从俄语“水”派生而来的。它以玉米、小麦、马铃薯等农作物为酿制材料，经过发酵、蒸馏、过滤和活性炭脱臭处理等工艺而制成。它清洌醇香、纯净无色、口感刺激。

（二）分类

按照使用材料和酿制方法的不同，伏特加可分为中性伏特加、金黄伏特加以及加味伏特加。中性伏特加是很普遍的产品，酒色透明，没有味道，可以与任何一种饮料完美地混合，增强饮品的酒劲儿，却不会影响口感；金黄伏特加需要在酒桶中储存；加味伏特加是在伏特加中加入各种颜色、各种风味的水果、香草或者香料制成的。

从产地上来说，主要有俄罗斯伏特加和波兰伏特加。俄罗斯伏特加清醇，无异味，只有浓浓的酒香，口感辣得像火烧一般，劲力十足。波兰伏特加由于在调制过程中加入了一些增香物质，如植物果实、草卉等，因而味道丰富、韵味十足。

（三）特点

伏特加晶莹澄澈，口感不甜、不涩、不酸、不苦，只有烈焰般的刺激，它可以与很多材料搭配在一起调制鸡尾酒，具有很强的灵活性、变通性和实用性。

（四）著名品牌

法国：灰雁（Grey Goose）

美国：斯米诺（Smirnoff）、粉红（Pinky）

瑞典：绝对（Absolut）

芬兰：芬兰（Finlandia）

二、威士忌

威士忌被英国人称为“生命之水”，是由大麦、小麦、黑麦等谷物酿制，在橡木桶中储存很多年之后，配制而成的大约 40 度的烈性酒。主要产于爱尔兰和苏格兰，美国和加拿大也出产。

（一）起源

威士忌在苏格兰地区至少有 500 年的历史，苏格兰被认为是威士忌的发源地。

据说在 11 世纪时，爱尔兰的修道士到苏格兰传福音，并带去了威士忌的蒸馏工艺。

（二）分类

按照原料，威士忌可以分为纯麦威士忌、谷物威士忌和黑麦威士忌等。

按照储存时间，威士忌在橡木桶中的储藏时间可以从几年到几十年不等，但是所有的威士忌的储存时间都不得少于 3 年。

按照酒精度数，威士忌可以分为 40 度 ~ 60 度不等。

按照产地，威士忌分为爱尔兰威士忌、苏格兰威士忌、加拿大威士忌、美国威士忌等。

（三）特点

爱尔兰威士忌是用小麦、大麦、黑麦等的麦芽作为原料酿制，经过 3 次蒸馏，然后放入橡木桶中储存 8 ~ 15 年。

因为在制作过程中不使用泥炭熏焙，所以成品没有焦香味，口感柔和，很适合用来调制鸡尾酒。

苏格兰威士忌原产于苏格兰，酿造原料是经过干燥、泥炭熏焙产生独特香味的大麦芽。苏格兰威士忌至少要储存3年，储藏15～20年的是质量最好的，如果储存时间超过20年，酒的质量就会受到影响。颜色棕黄带红，清澈透亮，气味焦香，有浓烈的烟味。

加拿大威士忌主要由黑麦、玉米和大麦混合酿制，2次蒸馏后放入橡木桶中储存4～10年。气味清新，口感清爽甘醇，颇受人们喜欢。

美国威士忌以玉米和其他谷物为原料，发酵、蒸馏后放入内侧熏焦的橡木桶中储存2～3年。美国威士忌没有苏格兰威士忌那样的烟熏味，而是有独特的橡木香味。

威士忌不但历史悠久、酿制技艺精湛，而且产量大、销售范围广泛，颇受消费者的喜爱，是世界上最著名的烈性酒之一。在酒吧中，作为单饮也是销售量最多的烈性酒之一。

（四）著名品牌

苏格兰：麦卡伦（Macallan）、芝华士（Chivas）、高原骑士（Highland Park）、皇家礼炮（Royal Salute）、百龄坛（Ballantine's）、尊尼获加（Johnnie Walker）、库鲁尼（Cluny）、温莎（Windsor）、帝王（Dewar's）、格兰格尼（Glengoyne）、经典格兰杰（Glenmorangie）、苏格登（Singleton）

爱尔兰：尊美醇（Jameson）、图拉多（Tullamore Dew）、布什米尔（Bushmills）

美国：杰克丹尼（Jack Daniels）、占边（Jim Beam）、施美格（Old Smuggler）

三、朗姆酒

朗姆酒，也被称为糖酒、兰姆酒、蓝姆酒，是以甘蔗为原料，将甘蔗压出糖汁，经过发酵、蒸馏而制成的一种蒸馏酒。口感细腻甜润，清香宜人，酒精度数通常在 40 度左右，是当今世界上六大烈性酒之一。朗姆酒的主要生产国是古巴，牙买加、波多黎各、委内瑞拉等国也出产。

（一）起源

关于朗姆酒的起源，有一种说法是朗姆酒 1650 年首先产生于巴巴多斯，另外一种说法是朗姆酒 17 世纪 20 年代就出现在巴西。但用甘蔗酿酒这一方法最早可以追溯至 14 世纪的欧洲、印度和中国。

朗姆酒在古巴的历史上非常重要。古巴朗姆酒是由酿酒大师把甘蔗糖蜜作为原料，通过蒸馏制成甘蔗烧酒，然后放入白色的橡木桶，经过多年的精心酿制，使它产生一种独特的口感，成为古巴人钟爱的酒。

现在，朗姆酒在酒吧里是很常见的烈性酒，用朗姆酒调制的鸡尾酒种类也很多。

（二）分类

按照颜色，朗姆酒可以分为 3 种：白朗姆酒、金朗姆酒、黑朗姆酒。

按照口味，朗姆酒可以分为淡朗姆酒、中性朗姆酒和浓朗姆酒。

按照风味特征，朗姆酒可以分为清香型和浓香型。

（三）特点

白朗姆酒一般储存 1 年，无色透明，香味不浓，酒精度数在 40 度左右；金朗姆酒需要储存 3 年以上，颜色呈橡木色，香味较浓，口味较甜，酒精度数在 40 度 ~ 43 度之间；黑朗姆酒需要储存 8 ~ 12 年，颜色为深褐色或棕红色，在酿造过程中需要加入香料汁液或焦糖调色剂，香味浓重，口感甘醇。

清香型朗姆酒以古巴朗姆酒为代表，颜色为浅黄色，清香怡人，酒精度数为 40 度 ~ 43 度，是混合酒的基酒；浓香型朗姆酒也被称为“强香朗姆酒”，香味悠长，颜色为金黄色或者棕色，酒精度数为 54 度，主要产地为加勒比海地区，如牙买加、古巴、波多黎各、巴巴多斯、海地等。

（四）著名品牌

波多黎各：百加得（Bacardi）

英国：摩根船长（Captain Morgan）

古巴：哈瓦那俱乐部 (Havana Club)

法国：老尼克 (Old Nick)

四、白兰地

白兰地被称为“葡萄酒的灵魂”，它是葡萄发酵后经过蒸馏得到高度酒精，再经过橡木桶储存而成的酒。另外，还有以其他水果为原料酿成的白兰地，例如以樱桃为原料的樱桃白兰地、以杏子为原料的杏子白兰地，但是它们的名气远远不如以葡萄为原材料的白兰地。

世界上生产白兰地的国家很多，法国生产的白兰地最有名。在法国产的白兰地中，法国干邑（Cognac）地区的白兰地的品质最好，其次是雅文邑（Armagnac）地区产的白兰地。除了法国以外，还有很多盛产白兰地的国家，如西班牙、意大利、葡萄牙、美国、秘鲁、德国、南非、希腊等。

（一）起源

白兰地的起源有多种说法，有一种说法是：13 世纪时，到法国沿海运盐的荷兰船将法国干邑地区生产的葡萄酒运到北海沿岸的国家，这些葡萄酒深受欢迎。到了 16 世纪，葡萄酒产量增加，海运耗费的时间也较长，这使法国的葡萄酒滞销了，于是荷兰商人将这些葡萄酒制成了葡萄蒸馏酒。这种葡萄蒸馏酒无色，也就是现在被称为“原白兰地”的蒸馏酒。

1701 年，法国卷入了西班牙王位继承战争，法国的葡萄蒸馏酒遭到禁运，酒商们只能把大量的酒存放于橡木桶中。战争结束后，酒商们发现储存在橡木桶中的白兰地不但没有变质，而且酒的香气更加浓烈，香醇可口，原来无色的白兰地竟然变成了漂亮的琥珀色，色泽显得高贵、典雅。从此，使用橡木桶储存白兰地的技术成为干邑白兰地的重要酿造步骤。这种酿造技术很快就流传到世界各地。至此，产生了白兰地生产工艺的雏形——发酵、蒸馏、储存，这为白兰地的发展奠定了基础。

（二）分类

按照等级，白兰地可以分为特级（X.O）、优级（V.S.O.P）、一级（V.O）和二级（三星和V.S)4个等级。

按照原料，白兰地可以分为葡萄渣白兰地和水果白兰地（如樱桃白兰地、苹果白兰地、李子白兰地等）。

（三）特点

白兰地的颜色金黄透亮、香味浓郁、口感甘洌。

（四）著名品牌

法国：人头马（Remy Martin）、轩尼诗(Hennessy)、马爹利(Martell)、蜂巢(Beehive)、皇家路易(Royal Louis)、派斯顿((Passton)、尊誉(Regal Pride)、西夫拉姆(Saflam)、富豪(Couronnier)、拉马赫(Lamargue)、香奈(J.P.Chenet)、必得利(Bardinet)、皇家希尔(Imperial Hill)、克罗男爵(Baron Clovignac)、路易老爷(Louis Royer)、雷莫斯（Reimos）、拿破仑（Courvoisier）

巴西：卓尔(Dreher)

五、金酒

金酒是荷兰人的国酒。最初由荷兰生产，后来在英国大量生产之后闻名于世，是当今世界上第一大类的烈酒。金酒主要生产于英国、荷兰、美国，其他产地还有德国、法国、比利时等。

（一）起源

金酒是1660年时由荷兰莱顿大学的西尔维斯教授制造的。最初是为了帮助在东印度地区活动的荷兰商人、海员和移民防治热带疟疾病，因为它有利尿和清热的作用，可以当作药酒使用。后来人们发现这种药酒香气怡人、口感舒适、甘醇柔和、酒液纯净，有净、爽的风格，于是就被当成酒精饮品饮用。金酒的清新香味主要来源于杜松子，因此金酒也被称为“杜松子酒”。

（二）分类

从原料来说，金酒可以分为英式金酒、荷式金酒和美国金酒。

从口味来说，金酒可以分为辣味金酒（也叫干金酒）、老汤姆金酒（也叫加甜金酒）、荷兰金酒和果味金酒（也叫芳香金酒）。

（三）特点

金酒的特点是清澈透亮、香味四溢、口感舒适协调。

英式金酒又被称为“伦敦金酒”，是目前世界上最主要、最流行的金酒品种，口感大多数为干性，甜度由高到低可以分成干性金酒、特干金酒和极干金酒等。英式金酒属于淡体金酒，与其他烈性酒相比，口感比较淡雅。

荷式金酒被称为“杜松子酒”，以大麦芽、稞麦等为主要原料，以杜松子酶为调香材料，经发酵后蒸馏而成。荷式金酒色泽透亮，香味突出，辣中带甜，风格独特。无论是单独饮用，还是加入冰块，都很爽口，酒精度数在 52 度左右。因为香味过于浓烈，荷式金酒更适合纯饮。

美国金酒的颜色是淡金黄色，与其他金酒所不同的是，它要在橡木桶中储存一段时间。美国金酒主要有蒸馏金酒（Distiled gin）和混合金酒（Mixed gin）两大类。美国蒸馏金酒通常在瓶底有“D”字，这是美国蒸馏金酒的特殊标志。混合金酒是用食用酒精和杜松子混合而成的，大多用于调制鸡尾酒。

辣味金酒质地较淡，清凉爽口，略带辣味，酒精度数为 40 度 ~ 47 度。

老汤姆金酒是在辣味金酒中加入糖，使其带有怡人的甜辣味。

荷兰金酒除了有浓烈的杜松子气味外，还有麦芽的芬芳。

果味金酒是在干金酒中加入成熟的水果和香料，如柑橘金酒、柠檬金酒、姜汁金酒等。

（四）著名品牌

英国：哥顿（Gordon’s）、孟买蓝宝石 (Bombay Sapphire)、必富达 (Beefater)、添加利 (Tanqueray)、杰彼斯 (Gilbey’s)、特拉福格 (Trafalgar)、康纳利论 (Connally)、亨

利爵士 (Hendrick’s)、哈拉尔德爵士 (Sir Harald)、伦敦一号（The London No.1）

美国：施格兰 (Seagram’s)、汉普顿 (Hamptons)、哈拿 (Hana)

波兰：卢布斯基 (Lubuski)

法国：卡夫卡 (Kafka)、哈顿（Harpoon）

荷兰：亨克斯（Henkes）、波尔斯（Bols）、波克马（Bokma）和邦斯马（Bomsma）

六、龙舌兰酒

龙舌兰酒是墨西哥的国酒，也被称为“墨西哥的灵魂”。1968 年墨西哥奥运会后，龙舌兰酒闻名于世。龙舌兰酒是以墨西哥特有的植物龙舌兰为原料，经过蒸馏制作而成的一款蒸馏酒。植物龙舌兰通常需要生长 12 年才能成熟，蕴含在植物龙舌兰草芯汁液中的糖分是龙舌兰酒的糖分来源。

（一）起源

印第安人有一种传说，说天上的神以雷电的方式击中生长在山坡上的植物龙舌兰，从而创造出龙舌兰酒。虽然这个传说现在看来有些好笑，但也由此可以看出：古印第安文明的时代，龙舌兰被视为神给予人们的恩赐。

3 世纪时，印第安文明地区已经有了发酵酿酒的技术，原材料中就有植物龙舌兰。后来，西班牙人带来了蒸馏技术，龙舌兰酒正式诞生，并被命名为 Mezcal wine，经过多年的发展，最终演变成现在的 Tequila。

（二）分类

按照颜色，龙舌兰酒可以分为无色龙舌兰酒和金色龙舌兰酒。

按照产地和原料，龙舌兰酒可以分为 Tequila、Pulque 和 Mezcal。Tequila 是只在某些特定的地区，使用蓝色龙舌兰草为原料所制造的产品；Pulque 是以龙舌兰草芯为原材料，经过发酵制造出的发酵酒，这也是所有龙舌兰酒的基础和原型；Mezcal 是所有以龙舌兰草芯为原料制造出的蒸馏酒的总称。

从等级来说，龙舌兰酒可以分为 Blanco、Plata、Joven Abocado、Reposado 和 Añejo。Blanco 与 Plata 在西班牙语中分别是“白色”和“银色”的意思，这两个等级的酒几乎没有经过储存，Blanco 在橡木桶中储存的时间不可以超过 30 天；Joven Abocado 常常被称为 Oro（金色的），因为进行了调色与调味（如用焦糖与橡木萃取液，其重量比不得超过 1%），使酒看起来有点像陈年的产品；Reposado 储存在橡木桶中的时间在 2 个月到 1 年之间，在橡木桶中存放会让龙舌兰酒的口感变得更浓郁、更厚重，储存时间越长，酒的颜色越深；Añejo 储存在橡木桶中的时间在 1 年以上，没有时间上限。大多数专家认为龙舌兰酒最合适的储存时间是 4 ~ 5 年，超过 5 年，桶内的酒精就会挥发过多。

（三）特点

龙舌兰酒的特点是香味独特，口感浓郁、强烈。

（四）著名品牌

墨西哥：豪帅 (Jose Cueruo)、奥美加 (Olmeca)、懒虫 (Camino)、哥罗里奥 (Corralejo)、白金武士 (Conquistador)、阿卡维拉斯 (Agavales)、培恩 (Patron)、金仕马 (Luna De Plata)、蒂斯卡 (Tiscaz)、唐胡里奥 (Don Julio)